新しい解析学の流れ

●編集委員　西田 孝明・磯 祐介・木上 淳・宍倉 光広

複素解析トレッキング

楠 幸男／著

共立出版

シリーズ「新しい解析学の流れ」
発刊にむけて

　「解析学」は現象の分析・解析に源を持つ数学の分野であり，古典力学を背景とした17世紀のニュートンによる微分・積分法の創始にも代表されるように，物理学と深い関係を持ちながら発展してきた数学である．さらに19世紀のコーシーらの研究をはじめ，解析学は極限などの「無限」を理論的に扱う数学の分野としても特徴づけられる．20世紀にはさまざまな抽象概念が導入され，解析学は深まりを見せる一方で，代数学や幾何学との結び付きを深める解析学の分野も成長し，さらに確率論も加わって多様な進歩を遂げている．

　他の学問との関わりでは，特に20世紀後半には物理学はもとより工学や化学・生物学・経済学・医学など，多様な分野に現れる種々の非線形現象の分析・解析・数理モデル化との関わりも深めてきた．さらに計算機の飛躍的な進歩により，それまでには扱うことのできなかった複雑な対象への取り組みも可能となっている．このような計算機を援用した新たな取り組みの中で，新しい時代の解析学が芽生える一方，解析学の研究で得られた成果が数値計算などを通して多くの応用分野を支えるに至っている．

　このような解析学を取り巻く状況変化の中で，21世紀における「解析学」の新しい流れを我が国から発信することが，このシリーズの目的である．これは過去の叡知の上に立って，夢のある将来の「解析学」像を描くことである．このため，このシリーズでは新たな知見の発信と共に先人の得た成果を「温故知新」として見直すことも並行して行い，さらには海外の最新の知見の紹介も行いたいと考えている．したがって本シリーズでは，新たな良書の書き下ろしはもちろんのこと，20世紀に出版された時代を越えた名著を復刊して後世に残し，さらには海外の最新の良書の翻訳を行う予定である．また，最先端の専門家向けの高度な内容の書物を出版する一方で，これからの解析学の発展を担う若い学生を導くためのテキストレベルの書物の出版も心掛けていく予定である．

編集委員　西田孝明　磯　祐介

木上　淳　宍倉光広

編集委員まえがき

　ここに楠幸男先生——編集委員のほとんどは学生時代に楠先生から複素函数論を学んでおり，ここでは楠幸男氏と書かずに学生時代から慣れ親しんだ「楠先生」という表現を用いることとします——の「複素解析トレッキング」を本シリーズから新刊書として上梓できることは大きな喜びです．

　編集委員は本シリーズに相応しい良書の刊行を平素より模索しておりますが，2013年の日本数学会秋季総合分科会の折に，中西敏浩氏から楠先生がとても内容の豊かな小冊子をかつての教え子や研究仲間に配布しておられるという情報を得ました．中西氏は楠先生が指導された研究者の一人で，編集委員とは学生時代からの旧知の関係です．早速その小冊子を編集委員の中で検討し，本シリーズに加えて刊行するに相応しいことを確認いたしました．しかし同時に，そもそもの配布先が複素函数論の研究者であったためか，序文には学部や大学院の教育を視野に入れていると書かれつつ，複素函数論をこれから学ぶ現在の学部生にとっては少し敷居の高い表現や式の整理がみられ，そのままでの出版は難しいとの結論に至りました．この経緯を踏まえて楠先生に連絡を差し上げ，一部修正のうえで出版したい旨を申し出て快諾を得ました．また楠先生が手許に持っておられた修正・補足事項の原稿も頂きました．ただ，楠先生からは，現在の学部生の基礎数学力を把握しておらず，また修正版のTEX原稿の作成は困難とのことから，編集委員会で修正原稿案を作成して楠先生のチェックを受けるということとなりました．

　編集委員会で検討の結果，磯が修正原稿案を作成することとなり，第I部については早々に作業を終えて楠先生に確認と校正をして頂きました．第II部の作業を開始した頃から公私の用務が重なって磯の作業が中断され，数年の時間が経過してしまいました．その間，楠先生からは「生あるうちに出版を」というお手紙も頂きましたが，楠先生がご高齢でも健康であられたこと

に甘えて遅々とした作業を進めておりましたところ，完成原稿を待たずに楠先生は 2021 年に 95 歳で逝去されました．このため，第 II 部と第 III 部の修正原稿の確認はご遺族のご了解のもとで中西敏浩氏にして頂いています．

修正原稿の作成において，文体や式の整理などを行なうと共に，参照文献などを明確に致しました．また挿入されている補遺や付録などを節立てしてまとめ，初学者が読みやすいように配慮しました．最初の小冊子は楠先生の周りの旧知の専門家を対象に配布されたもので，特に Rolf Nevanlinna の著書の内容などは公知の事項であったと想像され，参照事項を余り明示されていませんでした．しかし昨今の知的財産と研究公正の観点ではこの点は出版に際して明確にしておくべきと判断し，第 III 部の藤原松三郎氏の著書の参照も含めて明示しました．また，楠先生は随所で歴史的背景にも言及されているため，扱われる数学者の生年と没年を脚注に取り込みました．このデータは数学辞典第 3 版（岩波書店）を参考にしています．さらに，学部生レベルの読者を想定し，楠先生が残されていた「行間」の意味を脚注として追記しています．一方で，楠先生のオリジナルの小冊子の雰囲気を残すため，異例な形式ではありますが第 I 部，第 II 部，第 III 部の体裁を残し，参考文献もそれぞれに分けて採録しています．また楠先生の書かれた序文の中の「小冊子」という文言も，そのまま採録致しました．

本書の刊行に当たり，楠先生から提供された Word ファイルからの TeX 原稿の作成と最終的なレイアウトの調整は長岡武宏氏のご尽力によります．また楠先生のご息女の楠希代子様からは資料提供と激励を頂きました．共立出版の小山透氏（当時）と大越隆道氏には構想時から大変お世話になりました．これらの方々のご尽力を無くしては本書の刊行はできませんでした．心からの感謝を申し上げます．

末筆になりますが，編集者の力不足から「生あるうちに出版を」という楠先生のご希望を適えなかったことを楠幸男先生の御霊にお詫びし，また楠先生のご遺志がこれからの数学愛好家と数学者に本書を通して伝わることを確信し，編集委員会のまえがきと致します．

2023 年 1 月　　　　　　　　　　編集委員　西田孝明　磯　祐介

　　　　　　　　　　　　　　　　　　　　木上　淳　宍倉光広

ま　え　が　き

　複素解析はその関係領域を含めて眺めると実に広大であり，あちこちに高い山々が聳え，また神秘的な森や美しい高原も広がっている．有名な未踏峰のリーマン予想という連峰も聳えている．

　複素解析はもちろん数学の中の一つの分科であるが，それが"数"に根ざすものとして人類が積み重ねてきた貴重な文化である．そして現在も新しい開拓や進展が続いている．ところでそのような挑戦とは別に，その高山のふもとに入って美しい風景を眺め，ときには新しい小路を見つけたり，知らない花を見つけて楽しみながらトレッキングするのもいいのではなかろうか．また文化を継承する意味においても．ここではこのようなことを考えながら試みたことを記してみたい．

　内容的には次の2つの方面を取り上げた：

　　I. リーマンのゼータ関数とその周辺―オイラーからリーマンへ―

　　II. 調和測度とその周辺

　特にこの方面を取り上げた意図やその先の研究等についてはエピローグを見ていただきたい．なおところどころに入れた補遺や補足はその場所に関連したことがらではあるが息抜きのようなもので，とばしても後には影響はない．

　当初はさらに他の方面も加え内容を豊富にして出版したいと思っていたが，諸事情のため計画を変更し，次の小論を加えて一応まとめることにした：

　　III. 多元数系と複素数の特徴づけ

これは数年前に書いたもので，この際少し手を加えた．その意図等については III 部の序文に記してある．

　この小冊子が理工学系大学の学部あるいは大学院の講義やセミナーに利用されれば望外の喜びである．

　最後に原稿を精読して貴重な注意や助言を与えられた米谷文男及び正岡弘照の両君に心から御礼を申し上げたい.

亡き妻冨美子に捧ぐ

2012年　京都 岩倉にて

楠 幸男

目　　次

第 I 部

リーマンのゼータ関数とその周辺
―オイラーからリーマンへ―

第1章

ベルヌイ多項式

1.1 定義と基本的性質

複素数 w, z の関数

$$F(w, z) = \frac{we^{zw}}{e^w - 1} \tag{1}$$

を考える. $w/(e^w - 1)$ は原点 $w = 0$ のまわりで正則 (holomorphic) であり, $w = 0$ に最も近い特異点（極）は $w = \pm 2\pi i$ である. また, 任意の z を固定するとき e^{zw} は $|w| < \infty$ で正則ゆえ $F(w, z)$ は $|w| < 2\pi$ で正則であり, 従って $w = 0$ において w のべき級数

$$F(w, z) = \sum_{n=0}^{\infty} \frac{B_n(z)}{n!} w^n, \qquad |w| < 2\pi \tag{2}$$

に展開される. ここで

$$B_n(z) = F^{(n)}(0, z) \left(= \left. \frac{d^n}{dw^n} F(w, z) \right|_{w=0} \right), \qquad n = 0, 1, 2, \ldots \tag{3}$$

であり, 後述の通り $B_n(z)$ は n 次の多項式で, これを**ベルヌイ多項式**, $F(w, z)$ をその**母関数 (generating function)** という. また $B_n(0)$, すなわち $B_n(z)$ の定数項を**ベルヌイ数**という.

ちなみに, 展開

$$\frac{w}{e^w - 1} = \left(1 + \frac{w}{2!} + \frac{w^2}{3!} + \cdots \right)^{-1}$$

及び

$$e^{zw} = \sum_{n=0}^{\infty} \frac{(zw)^n}{n!}$$

ベルヌイ (Jakob Bernoulli)：1654–1705

を用いてベルヌイ多項式の最初のいくつかを計算すると

$$
\begin{cases}
B_0(z) = 1, \\
B_1(z) = z - \dfrac{1}{2}, \\
B_2(z) = z^2 - z + \dfrac{1}{6}, \\
B_3(z) = z^3 - \dfrac{3}{2}z^2 + \dfrac{1}{2}z, \\
B_4(z) = z^4 - 2z^3 + z^2 - \dfrac{1}{30}, \\
B_5(z) = z^5 - \dfrac{5}{2}z^4 + \dfrac{5}{3}z^3 - \dfrac{1}{6}z, \\
B_6(z) = z^6 - 3z^5 + \dfrac{5}{2}z^4 - \dfrac{1}{2}z^2 + \dfrac{1}{42}, \\
\cdots,
\end{cases}
\tag{4}
$$

である.

定理1　$n = 1, 2, \ldots$ に対して次の関係が成り立つ;

$$
B_n(z+1) - B_n(z) = nz^{n-1}, \qquad \text{(差分方程式)} \tag{5}
$$

$$
B_n'(z) = nB_{n-1}(z), \tag{6}
$$

$$
B_n(1-z) = (-1)^n B_n(z). \tag{7}
$$

(証明)　(2) より

$$
F(w, z+1) - F(w, z) = \sum_{n=0}^{\infty} \frac{B_n(z+1) - B_n(z)}{n!} w^n.
$$

一方，左辺は (1) により

$$
we^{zw} = \sum_{n=1}^{\infty} \frac{z^{n-1}}{(n-1)!} w^n
$$

に等しいから係数を比較して，べき級数の一意性から (5) を得る．(6) は次節で証明する．最後に (1) より

$$
F(w, 1-z) = \sum_{n=0}^{\infty} \frac{B_n(1-z)}{n!} w^n
$$

$$= \frac{we^{(1-z)w}}{e^w - 1}$$

$$= \frac{-we^{-zw}}{e^{-w} - 1}$$

$$= F(-w, z)$$

$$= \sum_{n=0}^{\infty} \frac{(-1)^n B_n(z)}{n!} w^n$$

が成立し，式変形の最初と最後の係数を比較して (7) を得る．　　□

定理 2

$$B_n(1) = B_n(0), \qquad n = 2, 3, \ldots \tag{i}$$

$$\int_0^1 B_n(x)\, dx = 0, \qquad n = 1, 2, \ldots \tag{ii}$$

(証明) $n \geq 2$ のとき (5) で $z = 0$ とすると直ちに (i) を得る．x を実数とするとき (ii) は (6) と (i) により，$n \geq 2$ のとき

$$\int_0^1 B_{n-1}(x)\, dx = \frac{1}{n} \int_0^1 B_n'(x)\, dx = \frac{1}{n} \left(B_n(1) - B_n(0) \right) = 0$$

が成立することから得られる．　　□

1.2　積 分 表 示

　ベルヌイ多項式の他の性質を少し早く導くために，複素解析を用い次の積分表示を示そう：

補題 1　$0 < r < 2\pi$ に対して次式が成り立つ；

$$B_n(z) = \frac{n!}{2\pi i} \sum_{m=0}^{n} \frac{z^m}{m!} \int_{C_r} \frac{w^{m-n}}{e^w - 1}\, dw, \tag{8}$$

但し積分は円周 $C_r = \{w \mid |w| = r\}$ に沿って正の方向にとる．

(証明)　$F(w, z)$ は任意の z を固定するとき $|w| < 2\pi$ で正則ゆえコーシーの積分公式から

$$B_n(z) = F^{(n)}(0, z) = \frac{n!}{2\pi i} \int_{C_r} \frac{F(w, z)}{w^{n+1}}\, dw. \tag{9}$$

そして

$$F(w, z) = \frac{w}{e^w - 1} \sum_{m=0}^{\infty} \frac{(zw)^m}{m!}$$

の級数は $|w| < \infty$ で広義一様に収束するから，$z\ (\neq 0)$ を固定するとき C_r 上の積分は項別積分できて

$$B_n(z) = \frac{n!}{2\pi i} \sum_{m=0}^{n} \frac{z^m}{m!} \int_{C_r} \frac{w^m}{(e^w - 1)w^n}\, dw.$$

実際，$m \geq n+1$ ならば被積分関数は $|w| \leq r < 2\pi$ で正則ゆえその積分はコーシーの積分定理により0に等しい．従って右辺は高々 n 次の多項式であり，また (8) は $z = 0$ でも正しい． $\qquad\qquad\square$

この補題1から，先ず (8) の両辺を z で微分すると

$$B_n'(z) = n\left(\frac{(n-1)!}{2\pi i} \sum_{k=0}^{n-1} \frac{z^k}{k!} \int_{C_r} \frac{w^{k-(n-1)}}{e^w - 1}\, dw \right) = nB_{n-1}(z),$$

すなわち定理1の (6) が示された．

また (8) より，$B_n(z)$ は z^n の係数が

$$\frac{1}{2\pi i} \int_{C_r} \frac{dw}{e^w - 1} = 1 \qquad \text{（留数定理）} \tag{10}$$

である n 次の多項式であり，z^{n-1} の係数は

$$\frac{n}{2\pi i} \int_{C_r} \frac{dw}{(e^w - 1)w} = -\frac{n}{2} \tag{11}$$

である．他の係数については以下に述べる．

1.3 ベルヌイ数

ベルヌイ多項式 $B_n(z)$ の定数項 $B_n(0)$ を**ベルヌイ数**といい，B_n と表す．例えば (4) から

$$B_0 = 1, \quad B_1 = -\frac{1}{2}, \quad B_2 = \frac{1}{6}, \quad B_3 = 0, \quad B_4 = -\frac{1}{30},$$
$$B_5 = 0, \quad B_6 = \frac{1}{42}, \quad \dots$$

である．

定理 3 (i) $m = 1, 2, \ldots$ に対して

$$B_{2m+1} = 0. \tag{12}$$

(ii) ベルヌイ多項式を $B_n(z) = \sum_{m=0}^{n} b_m^{(n)} z^m$ とすれば

$$b_m^{(n)} = \frac{n!}{m!} \frac{B_{n-m}}{(n-m)!} = \binom{n}{m} B_{n-m} \quad (1 \leq m \leq n), \qquad b_0^{(n)} = B_n. \tag{13}$$

（証明） (i) ベルヌイ数は母関数

$$F(w, 0) = \frac{w}{e^w - 1} = \sum_{n=0}^{\infty} \frac{B_n}{n!} w^n \tag{14}$$

から直接に定義されることに注意し,

$$G(w) = F(w, 0) - \left(1 - \frac{w}{2}\right) = \frac{w}{2} \frac{e^w + 1}{e^w - 1} - 1$$

を考えると, $G(w)$ は偶関数であり $G(-w) = G(w)$ を満たす. そして $B_0 = 1, B_1 = -1/2$ ゆえ

$$G(w) = \sum_{n=2}^{\infty} \frac{B_n}{n!} w^n$$

の奇数次のべきの係数は 0, すなわち (12) を得る.

(ii) (8) と (14) により

$$\begin{aligned}
b_m^{(n)} &= \frac{n!}{2\pi i} \frac{1}{m!} \int_{C_r} \frac{w^{m-n}}{e^w - 1} \, dw \\
&= \frac{n!}{m!} \frac{1}{2\pi i} \sum_{k=0}^{\infty} \frac{B_k}{k!} \int_{C_r} w^{m-n-1+k} \, dw.
\end{aligned}$$

右辺の積分は $k = n - m$ のとき $2\pi i$, それ以外は 0 ゆえ, (13) を得る. $\qquad \square$

1.4 フーリエ展開

x を実数とするとき, ベルヌイ多項式 $B_n(x)$ のフーリエ展開によって他の興味ある結果が得られる.

先ず $B_1(x) = x - 1/2$ を考える．$x = t/2\pi$ とし

$$f(t) = B_1\left(\frac{t}{2\pi}\right) \qquad (0 \leq t < 2\pi)$$

を周期 2π の周期関数として延長した $f(t)$ のフーリエ展開を

$$f(t) = \frac{a_0}{2} + \sum_{n=1}^{\infty}(a_n \cos nt + b_n \sin nt)$$

とすると，

$$
\begin{aligned}
a_n &= \frac{1}{\pi}\int_0^{2\pi} f(t)\cos nt\, dt \\
&= \frac{1}{\pi}\int_0^{2\pi}\left(\frac{t}{2\pi} - \frac{1}{2}\right)\cos nt\, dt = 0 \quad (n = 0, 1, 2, \ldots), \\
b_n &= \frac{1}{\pi}\int_0^{2\pi} f(t)\sin nt\, dt = -\frac{1}{n\pi} \quad (n = 1, 2, \ldots),
\end{aligned}
$$

であり，

$$B_1(x) = -\frac{1}{\pi}\sum_{n=1}^{\infty}\frac{\sin 2\pi nx}{n}, \qquad 0 < x < 1 \tag{15}$$

が得られる．同様に計算すると

$$B_2(x) = \frac{2 \cdot 2}{(2\pi)^2}\sum_{n=1}^{\infty}\frac{\cos 2\pi nx}{n^2}, \qquad 0 \leq x \leq 1 \tag{16}$$

であり，一般に $m = 1, 2, \ldots, 0 \leq x \leq 1$ に対して次式が成り立つ：

$$B_{2m}(x) = (-1)^{m-1}\frac{2 \cdot (2m)!}{(2\pi)^{2m}}\sum_{n=1}^{\infty}\frac{\cos 2\pi nx}{n^{2m}} \tag{17}$$

$$B_{2m+1}(x) = (-1)^{m-1}\frac{2(2m+1)!}{(2\pi)^{2m+1}}\sum_{n=1}^{\infty}\frac{\sin 2\pi nx}{n^{2m+1}}. \tag{18}$$

実際，$B_{2m}(x) = B_{2m+1}'(x)/(2m+1)$ ゆえ，(17) を 0 から $x\ (<1)$ まで積分すると，(12) より $B_{2m+1}(0) = 0$ ゆえ左辺は $B_{2m+1}(x)/(2m+1)$ である．一方で右辺の級数は一様収束ゆえ項別積分でき，

$$\int_0^x \cos 2\pi nx\, dx = \frac{\sin 2\pi nx}{2\pi n}$$

ゆえ, (18) を得る.

次に奇数 n に対して $B_n(x)$ から $B_{n+1}(x)$ の式を導くためには, (18) で $n = 2m - 1$ $(m = 2, 3, \ldots)$ とした式

$$B_{2m-1}(x) = (-1)^{m-2} \frac{2(2m-1)!}{(2\pi)^{2m-1}} \sum_{n=1}^{\infty} \frac{\sin 2\pi nx}{n^{2m-1}} \qquad (18)'$$

から (17) を示せばよい. そのために $0 < x < 1$ で

$$\frac{d}{dx}\left(B_{2m}(x) - (-1)^{m-1} \frac{2(2m)!}{(2\pi)^{2m}} \sum_{n=1}^{\infty} \frac{\cos 2\pi nx}{n^{2m}} \right)$$

を計算する. この微分は $B_{2m}'(x) = 2m B_{2m-1}(x)$ であり, 級数部分は項別微分できて $(18)'$ からこの微分は 0 に等しいことがわかる. 従って

$$B_{2m}(x) = (-1)^{m-1} \frac{2(2m)!}{(2\pi)^{2m}} \sum_{n=1}^{\infty} \frac{\cos 2\pi nx}{n^{2m}} + C \text{ (定数)}.$$

ここで C を求めるために両辺を 0 から 1 まで積分すると, 定理 2 及び $\int_0^1 \cos 2\pi nx \, dx = 0$ ゆえ, $C = 0$, すなわち (17) を得る.

さて (17) において $x = 0$ とすれば

$$B_{2m} = B_{2m}(0) = (-1)^{m-1} \frac{2 \cdot (2m)!}{(2\pi)^{2m}} \sum_{n=1}^{\infty} \frac{1}{n^{2m}}. \qquad (19)$$

これは後述する**リーマンのゼータ (zeta) 関数**

$$\zeta(s) = \sum_{n=1}^{\infty} \frac{1}{n^s} \qquad (\mathrm{Re}\, s > 1)$$

の正の偶数点における値をベルヌイ数を用いて表している, すなわち次の定理が成立する.

定理 4 $m = 1, 2, \ldots$ に対して

$$\zeta(2m) = (-1)^{m-1} \frac{(2\pi)^{2m}}{2(2m)!} B_{2m}. \qquad (20)$$

リーマン (Georg Friedrich Bernhard Riemann)：1826–1866

この定理4から，例えば

$$\zeta(2) = \sum_{n=1}^{\infty} \frac{1}{n^2} = \frac{\pi^2}{6}, \ \zeta(4) = \sum_{n=1}^{\infty} \frac{1}{n^4} = \frac{\pi^4}{90}, \ \zeta(6) = \sum_{n=1}^{\infty} \frac{1}{n^6} = \frac{\pi^6}{945}, \ \cdots$$

が得られる．

　ベルヌイ多項式 $B_n(x)$ を周期1で延長した関数を $\widetilde{B}_n(x)$ と書き，以下でもこの記号を使う．すなわち $[x]$ は x を越えない最大の整数を表すとき

$$\widetilde{B}_n(x) = B_n(x - [x]), \qquad -\infty < x < +\infty \tag{21}$$

である．定義から $\widetilde{B}_1(x)$ は整数点で不連続であるが，$\widetilde{B}_2(x) \ (n \geq 2)$ は $B_n(1) = B_n(0)$（定理2 (i)）により連続関数である．

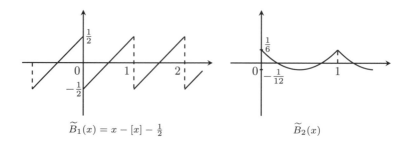

$$\widetilde{B}_1(x) = x - [x] - \tfrac{1}{2} \qquad\qquad \widetilde{B}_2(x)$$

[補足]　差分法：関数 $f(x)$ に対して

$$f(x+1) - f(x)$$

を $f(x)$ の**差分 (difference)** といい $\Delta f(x)$ と書く．また $f(x)$ に対して $\Delta F(x) = f(x)$ を満たす $F(x)$ を $f(x)$ の**和分**（あるいは和）といい $F(x) = \Delta^{-1} f(x)$ と書く．Δ は微分に対応し Δ^{-1} は（不定）積分に対応するものである．$F(x)$ に周期1の関数を加えてもその差分は変わらないから，不定積分の定数を省略するように，この周期関数は省略されることが多い．さて n が自然数のとき

$$\Delta^{-1} f(n) = f(0) + f(1) + \cdots + f(n-1) + C \qquad (C \text{ は定数})$$

である. 実際, $F = \Delta^{-1} f$ とすると

$$\Delta F(0) = F(1) - F(0) = f(0),$$

$$\cdots,$$

$$\Delta F(n-1) = F(n) - F(n-1) = f(n-1).$$

これらを辺々加えると

$$F(n) = \Delta^{-1} f(n) = f(0) + f(1) + \cdots + f(n-1) + F(0).$$

これゆえ $1 \le m < n$ のとき

$$F(n) - F(m) = f(m) + f(m+1) + \cdots + f(n-1) \qquad (22)$$

であり, この値を $[\Delta^{-1} f(x)]_m^n$ とも書く. (5) により

$$\Delta^{-1} x^{n-1} = \frac{B_n(x)}{n}, \qquad n \ge 1 \qquad (23)$$

である. これを利用すると, 例えば $f(x) = x^3$ のとき,

$$\begin{aligned}
1^3 + 2^3 + \cdots + n^3 &= \left[\Delta^{-1} x^3 \right]_1^{n+1} \\
&= \frac{1}{4} \left[B_4(x) \right]_1^{n+1} \\
&= \frac{1}{4} \left(B_4(n+1) - B_4(1) \right) \\
&= \left(\frac{n(n+1)}{2} \right)^2 \qquad ((4) \text{ から}).
\end{aligned}$$

一般に整数 $k > 1$ に対して

$$1^k + 2^k + \cdots + n^k = \frac{1}{k+1} \left(B_{k+1}(n+1) - B_{k+1}(1) \right)$$

であり, ここに $B_{k+1}(1)$ $(= B_{k+1}(0) = B_{k+1})$ はベルヌイ数である. 特に n が十分大ならば

$$1^k + 2^k + \cdots + n^k \sim \frac{n^{k+1}}{k+1}, \qquad (n \to \infty)$$

である.

[注意] (23) の $\Delta^{-1} x^n$ $(n \ge 0)$ に対して, $\Delta^{-1} x^n$ $(n < 0)$ の場合については, 次章 2.4 節末尾の [補足] で言及する.

第2章
ガ ン マ 関 数

2.1 ベータ関数との関係

x, y を正数とする. このとき定積分

$$B(x,y) = \int_0^1 t^{x-1}(1-t)^{y-1}\,dt \tag{1}$$

は有限の値として存在する. これによりベータ (beta) 関数 (あるいはオイラーの第1種積分) を定める. ここで $t = \cos^2\theta\ (0 \le \theta \le \pi/2)$ とおくと

$$B(x,y) = 2\int_0^{\frac{\pi}{2}} \cos^{2x-1}\theta\,\sin^{2y-1}\theta\,d\theta \tag{2}$$

とも書ける. 定義から容易に

$$B(x,y) = B(y,x) \tag{3}$$

であり, 部分積分によって

$$B(x+1,y) = \frac{x}{y}B(x,y+1) \tag{4}$$

が得られ, また (2) より

$$B\left(\frac{1}{2},\frac{1}{2}\right) = \pi \tag{5}$$

である. さてベータ関数について重要なことはガンマ (gamma) 関数

$$\Gamma(x) = \int_0^\infty t^{x-1}e^{-t}\,dt, \qquad x > 0 \tag{6}$$

との関係を与える次の公式である:

オイラー (Leonhard Euler)：1707–1783

定理 1　$x, y > 0$ のとき

$$B(x, y) = \frac{\Gamma(x)\Gamma(y)}{\Gamma(x+y)}. \tag{7}$$

(証明)

$$\Gamma(x)\Gamma(y) = \int_0^\infty s^{x-1} e^{-s} \, ds \int_0^\infty t^{y-1} e^{-t} \, dt$$

に対して変数変換 $s = u^2$, $t = v^2$ $(0 < u, v < \infty)$ を行うと

$$\Gamma(x)\Gamma(y) = 4 \iint_{R_+^2} u^{2x-1} v^{2y-1} e^{-(u^2+v^2)} \, du \, dv$$

となり，さらに変数変換 $u = \sqrt{r}\cos\theta$, $v = \sqrt{r}\sin\theta$ $(0 < r < \infty,\ 0 < \theta < \pi/2)$ を行うとヤコビ行列式は $\partial(u,v)/\partial(r,\theta) = 1/2$ ゆえ

$$\Gamma(x)\Gamma(y) = 2 \int_0^\infty r^{x+y-1} e^{-r} \, dr \int_0^{\frac{\pi}{2}} \cos^{2x-1}\theta \, \sin^{2y-1}\theta \, d\theta$$
$$= \Gamma(x+y)B(x, y).$$

$$\square$$

次にガンマ関数の基本的な性質を次の定理にまとめておく．

定理 2

(i)　$\Gamma(1) = 1$.

(ii)　$\Gamma(x+1) = x\Gamma(x)$, $x > 0$,

　　　特に n が自然数ならば，$\Gamma(n+1) = n!$.

(iii)　$\Gamma\left(\dfrac{1}{2}\right) = \sqrt{\pi}$, 一般に $\Gamma\left(n + \dfrac{1}{2}\right) = \dfrac{(2n)!}{n! 2^{2n}}\sqrt{\pi}$ $(n = 0, 1, 2, \ldots)$.

(iv)　$0 < x < 1$ のとき

$$\Gamma(x)\Gamma(1-x) = \frac{\pi}{\sin\pi x}. \tag{8}$$

(証明)　(ii) は部分積分によって直ちに得られ，(iii) の前半は (5) 及び (7) による．(iii) の後半は，(ii) の漸化式と (iii) から得られる．さて (8) については，先ず (7) より

$$\Gamma(x)\Gamma(1-x) = \Gamma(1)B(x, 1-x).$$

(i) より $\Gamma(1) = 1$, また (2) より

$$B(x, 1-x) = 2 \int_0^{\frac{\pi}{2}} \tan^{1-2x} \theta \, d\theta.$$

ここで $\tan\theta = u$ とおくと

$$B(x, 1-x) = 2 \int_0^\infty \frac{u^{1-2x}}{1+u^2} \, du = \int_0^\infty \frac{t^{-x}}{1+t} \, dt$$

となるが，ここで留数解析でよく知られた結果

$$\int_0^\infty \frac{x^{a-1}}{1+x} \, dx = \frac{\pi}{\sin a\pi}, \qquad (0 < a < 1) \tag{9}$$

を利用すると，$0 < x < 1$ のとき

$$\Gamma(x)\Gamma(1-x) = \frac{\pi}{\sin(1-x)\pi} = \frac{\pi}{\sin \pi x}.$$

$\square$

例 定積分

$$I_n = \int_0^1 \frac{dx}{\sqrt{1 - x^{\frac{1}{n}}}}, \qquad n = 1, 2, \ldots$$

を求める．ここで，$x^{1/n} = t$ とおくと

$$I_n = n \int_0^1 \frac{t^{n-1}}{\sqrt{1-t}} \, dt = nB\left(n, \frac{1}{2}\right) = n\frac{\Gamma(n)\Gamma\left(\frac{1}{2}\right)}{\Gamma\left(n + \frac{1}{2}\right)} = \frac{(n!)^2 \, 2^{2n}}{(2n)!}$$

となる．例えば $I_4 = 128/35$ である．

[注意] 次節で詳述するようにガンマ関数の定義域は複素平面に拡張され，実は (8) は複素数 $z \, (\neq 0, \pm 1, \pm 2, \ldots)$ に対しても成立する：

$$\Gamma(z)\Gamma(1-z) = \frac{\pi}{\sin \pi z}. \tag{10}$$

ところでこの**相反公式 (reflection formula)**(10) は通常，ガンマ関数の無限積表示とオイラーの魔法のような公式

$$\sin \pi z = \pi z \prod_{n=1}^\infty \left(1 - \frac{z^2}{n^2}\right) \tag{$*$}$$

を用いて証明される. しかし (8) を見ると, 積分で定義されたガンマ関数と $\sin \pi z$ はともに外見上は無限積とは無縁である. そこで上述のような無限積を使わない証明をここでは記した. もし $\Gamma(z)$ の無限積を使えば, 逆に (8) と (10) から (*) が得られる. もっとも上述のような留数解析ができたのはオイラーの約 100 年後である.

2.2 複素ガンマ関数

数学史によると, ガンマ関数は**オイラー**が 1730 年頃に階乗 $z!$ を z が自然数とは限らない場合に拡張するという観点から

$$\frac{n!n^z}{z(z+1)\cdots(z+n)}$$

の $n \to \infty$ のときの極限として定義し, またその積分表示として x をパラメータとして含む積分

$$\int_0^1 \left(\log\frac{1}{t}\right)^{x-1} dt \qquad (x > 0)$$

が x の関数として興味ある性質をもっていることを指摘したといわれている. ここで $\log(1/t) = s$ とおくとこの積分 (**オイラーの第 2 種積分**) は

$$\int_0^\infty s^{x-1}e^{-s}\,ds$$

すなわち前節 (6) のガンマ関数になる.

さて $\Gamma(x)$ を複素化すると, その世界は飛躍的にひろがる. 先ず z を複素数とし, 積分

$$\Gamma(z) = \int_0^\infty t^{z-1}e^{-t}\,dt, \qquad t\text{ は実数} \tag{11}$$

を考える. 周知のように複素べきは $t^{z-1} = e^{(z-1)\log t}$ で定義される. またこの積分は $x = \operatorname{Re} z > 0$ ならば存在する. (11) を z で微分すると積分記号下で微分できて

$$\Gamma'(z) = \int_0^\infty (\log t)t^{z-1}e^{-t}\,dt$$

となり，右辺の積分は $\mathrm{Re}\,z > 0$ で存在する．従って $\Gamma(z)$ は右半平面 $\{z \mid \mathrm{Re}\,z > 0\}$ で正則な関数である．またそこで

$$\Gamma(z+1) = z\Gamma(z) \tag{12}$$

が成り立つ．これは z が実数のときは周知であろうが，$\mathrm{Re}\,z > 0$ を満たす複素数の場合も部分積分するか，あるいは両辺は右半平面でともに正則であってかつ正の実軸上で成立（定理2）するから一致の定理によって (12) の成立がわかる．この関数関係 (12) を用いて，$\Gamma(z)$ は z 平面全体へ解析接続される．すなわち先ず $-1 < \mathrm{Re}\,z \le 0$ では $\Gamma(z) = \Gamma(z+1)/z$ と定義し，一般に $-(n+1) < \mathrm{Re}\,z \le 0$ では $\Gamma(z)$ は

$$\Gamma(z) = \frac{\Gamma(z+n+1)}{z(z+1)\cdots(z+n)} \tag{13}$$

の右辺で定義する．すると $\Gamma(z)$ は全平面上 $z = 0, -1, -2, \ldots$ で1位の極をもつ以外は正則な関数である．$\Gamma(1) = 1$ ゆえに $z = -n$ における $\Gamma(z)$ の留数は

$$\mathop{\mathrm{Res}}_{z=-n}\,(\Gamma(z)) = \frac{(-1)^n}{n!}, \qquad n = 0, 1, 2, \ldots, \tag{14}$$

である．但し $0! = 1$ と定義する．

次に $\Gamma(z)$ の無限積表示のために，積分

$$\Gamma_n(z) = \int_0^n t^{z-1}\left(1 - \frac{t}{n}\right)^n dt \tag{15}$$

を考える．各 $t > 0$ に対して $(1 - t/n)^n$ は n と共に単調増加し $n \to \infty$ のとき e^{-t} に収束することを用いて，容易に次式

$$\lim_{n\to\infty} \Gamma_n(z) = \int_0^\infty t^{z-1} e^{-t}\, dt = \Gamma(z) \tag{16}$$

が示される．一方 (15) の積分で $t = ns$ とおき部分積分を続けると

$$\Gamma_n(z) = n^z \int_0^1 s^{z-1}(1-s)^n\, ds = \frac{n^z n!}{z(z+1)\cdots(z+n)} \tag{15}'$$

となる．あるいは，ベータ関数を複素化しておくと

$$B(z, n+1) = \frac{\Gamma(z)\Gamma(n+1)}{\Gamma(z+n+1)}$$

であり，

$$\Gamma(z+n+1) = (z+n)(z+n-1)\cdots z\Gamma(z), \qquad \Gamma(n+1) = n!$$

であることからも $(15)'$ は得られる．これらによって

$$\frac{1}{\Gamma_n(z)} = n^{-z} z \prod_{k=1}^{n} \left(1 + \frac{z}{k}\right) \tag{15}''$$

$$= z\left\{\exp\left(1 + \frac{1}{2} + \cdots + \frac{1}{n} - \log n\right)z\right\} \prod_{k=1}^{n} \left(1 + \frac{z}{k}\right) e^{-\frac{z}{k}}$$

となる．ところで周知のように次の極限値は存在する：

$$\lim_{n\to\infty} \left(1 + \frac{1}{2} + \frac{1}{3} + \cdots + \frac{1}{n} - \log n\right) \equiv \gamma. \tag{17}$$

γ は**オイラー定数**とよばれ，$\gamma = 0.57721\cdots$ である．また $(15)''$ で $n \to \infty$ のとき，正則関数 $\prod_{k=1}^{n}(1+z/k)\,e^{-z/k}$ は z 平面で広義一様に無限積で表される正則関数

$$\prod_{n=1}^{\infty} \left(1 + \frac{z}{n}\right) e^{-\frac{z}{n}}$$

に収束し，かつその零点は $-1, -2, \ldots$ に限られる（詳細は例えば文献 [I, 1]，[I, 3] 等）．以上をまとめて次のワイエルシュトラスの定理を得る．

定理3（ガンマ関数の無限積表示）

$$\frac{1}{\Gamma(z)} = ze^{\gamma z} \prod_{n=1}^{\infty} \left(1 + \frac{z}{n}\right) e^{-\frac{z}{n}} \tag{18}$$

であり，$1/\Gamma(z)$ は整関数で $z = 0, -1, -2, \ldots$ でのみ1位の零点をもち，それ以外では $\neq 0$ である．

ワイエルシュトラス (Karl Theodor Wilhelm Weierstrass)：1815–1897

定理3′ ガンマ関数 $\Gamma(z)$ は $z = 0, -1, -2, \ldots$ で1位の極をもち，それ以外では正則であり，かつ $\neq 0$ である．また実軸上では極を除いて実数値をとる．

系として，鏡像の原理により次の結果が得られる．

定理3の系 $\Gamma(\bar{z}) = \overline{\Gamma(z)}$.

2.3 対 数 的 凸 性

(18) の両辺の対数をとる．Log は対数の主枝 (principal branch) を表し，log は適切な分枝をとるものとすると

$$\log \Gamma(z) = -\gamma z - \mathrm{Log}\, z - \sum_{n=1}^{\infty} \left(\mathrm{Log} \left(1 + \frac{z}{n} \right) - \frac{z}{n} \right) \tag{19}$$

が得られる．任意の $R > 0$ に対して $|z| \leq R$ ならば，十分大なる N をとると適当な定数 K に対して

$$\left| \log \left(1 + \frac{z}{n} \right) - \frac{z}{n} \right| < \frac{K}{n^2}, \qquad n > N$$

となる．従って (19) の級数は $|z| \leq R$ で一様収束し，項別微分できるから

$$\frac{d}{dz}(\log \Gamma(z)) = \frac{\Gamma'(z)}{\Gamma(z)} = -\gamma - \frac{1}{z} - \sum_{n=1}^{\infty} \left(\frac{1}{z+n} - \frac{1}{n} \right). \tag{20}$$

また右辺の級数も $|z| \leq R$ で一様収束するから

$$\frac{d^2}{dz^2}(\log \Gamma(z)) = \left(\frac{\Gamma'(z)}{\Gamma(z)} \right)' = \sum_{n=0}^{\infty} \frac{1}{(z+n)^2}. \tag{21}$$

特に実軸上で $z = x \ (> 0)$ とすると

$$\frac{d^2}{dx^2}(\log \Gamma(x)) = \sum_{n=0}^{\infty} \frac{1}{(x+n)^2} > 0, \tag{21}'$$

すなわち $\log \Gamma(x)$ は $x > 0$ で凸 (convex) 関数である．このように $\log f(x)$ が凸であるとき正値関数 $f(x)$ は**対数的凸**であるという．

定理4（ボーア・モレループの定理）　$G(x)$ は $x > 0$ で定義された正値関数で，次の2つの性質を満たすものとする；

(a)　$G(x + 1) = xG(x)$,

(b)　$G(x)$ は対数的凸である.

このとき，ある正数 c が存在して $x > 0$ で $G(x) = c\Gamma(x)$ である.

（証明）　$0 < x \leq 1$ に対して証明すれば (a) と $\Gamma(x + 1) = x\Gamma(x)$ より全ての $x > 0$ に対して正しい．次に $G(1) = 1$ としてよい．実際，$G(x)/G(1)$ を改めて $G(x)$ とすればよい．このとき $\Gamma(1) = 1$ ゆえ，$c = 1$ として議論を進める．さて $n < n + x \leq n + 1$ $(n = 0, 1, 2, \ldots)$ に対して (b) より

$$\log G(n + x) \leq (1 - x)\log G(n) + x\log G(n + 1),$$

すなわち

$$G(n + x) \leq G(n)^{1-x}G(n + 1)^x. \tag{22}$$

また (a) より $G(n+x) = (x+n-1)\cdots(x+1)xG(x)$ であり，また $G(1) = 1$ ゆえ $G(n + 1) = n!$. 従って (15)′ と (22) を用いて

$$
\begin{aligned}
G(x) &= \frac{G(n + x)}{x(x + 1)\cdots(x + n - 1)} \\
&\leq \frac{x + n}{n}\frac{n!n^x}{x(x + 1)\cdots(x + n)} \\
&= \left(1 + \frac{x}{n}\right)\Gamma_n(x)
\end{aligned}
$$

となり，$n \to \infty$ とすると $G(x) \leq \Gamma(x)$. 次に $n - 1 < n < n + x$ $(x > 0)$ において $G(x)$ の対数的凸性についての同様の議論を行うと

$$\log G(n) \leq \frac{x}{1 + x}\log G(n - 1) + \frac{1}{1 + x}\log G(n + x)$$

となり，

$$\frac{(n - 1)!(n - 1)^x}{x(x + 1)\cdots(x + n - 1)} \leq G(x)$$

ボーア (Harald Bohr)：1887–1951，モレループ (Johannes Mollerup)：1872–1937

がわかる．左辺は $\Gamma_{n-1}(x)$ であり，$n \to \infty$ とすれば $\Gamma(x) \le G(x)$．よって $G(x) = \Gamma(x)$, $x > 0$.   □

上の結果を利用して次の公式を証明しよう．

定理5（ガウスの乗法公式）   任意の自然数 p に対して次の等式が成り立つ：

$$\prod_{n=0}^{p-1} \Gamma\left(\frac{z+n}{p}\right) = \frac{(2\pi)^{\frac{p-1}{2}}}{p^{z-\frac{1}{2}}} \Gamma(z), \tag{23}$$

$$\Gamma(pz) = \frac{p^{pz-\frac{1}{2}}}{(2\pi)^{\frac{p-1}{2}}} \prod_{n=0}^{p-1} \Gamma\left(z + \frac{n}{p}\right). \tag{24}$$

（証明）   (24) は (23) 式の z の代わりに pz とおけば得られるから (23) を示す．次の関数 G を考える：

$$G(z) = p^z \Gamma\left(\frac{z}{p}\right) \Gamma\left(\frac{z+1}{p}\right) \cdots \Gamma\left(\frac{z+p-1}{p}\right). \tag{25}$$

容易に $G(z+1) = zG(z)$ がわかる．さて $z = x > 0$ とすると (21)′ より $(\log G(x))'' > 0$，すなわち $G(x)$ は正値関数で対数的凸であるから，定理4 により

$$G(x) = c\Gamma(x), \qquad x > 0, \quad c は定数 \tag{26}$$

である．この c を求めるために (25) で $z = p$ とおくと $\Gamma(1) = 1$ ゆえ

$$G(p) = p^p \prod_{n=1}^{p-1} \Gamma\left(1 + \frac{n}{p}\right) = p! \prod_{n=1}^{p-1} \Gamma\left(\frac{n}{p}\right)$$

であり，また $\Gamma(p) = (p-1)!$ ゆえ

$$c = \frac{G(p)}{\Gamma(p)} = p \prod_{n=1}^{p-1} \Gamma\left(\frac{n}{p}\right) = p \prod_{n=1}^{p-1} \Gamma\left(1 - \frac{n}{p}\right).$$

従って

$$c^2 = p^2 \prod_{n=1}^{p-1} \Gamma\left(\frac{n}{p}\right) \Gamma\left(1 - \frac{n}{p}\right)$$

ガウス (Carl Friedrich Gauss)：1797–1855

となるので，(8) を用いて

$$c = p \left(\frac{\pi^{p-1}}{\prod_{n=1}^{p-1} \sin \frac{n\pi}{p}} \right)^{\frac{1}{2}}.$$

ここで次の等式[1]

$$\sin \frac{\pi}{p} \sin \frac{2\pi}{p} \cdots \sin \frac{(p-1)\pi}{p} = \frac{p}{2^{p-1}}$$

を使うと $c = p^{1/2}(2\pi)^{(p-1)/2}$ が得られる．$G(z)$, $\Gamma(z)$ はともに $\mathrm{Re}\, z > 0$ で正則ゆえ，(26) から一致の定理により $G(z) = c\Gamma(z)$, すなわち (23) が示された． $\qquad\square$

特に $p = 2$ のとき系として次の結果が得られる．

定理 5 の系（ルジャンドル）

$$\Gamma\left(\frac{z}{2}\right)\Gamma\left(\frac{z+1}{2}\right) = \frac{2\sqrt{\pi}}{2^z}\Gamma(z), \tag{27}$$

$$\Gamma(2z) = \frac{2^{2z}}{2\sqrt{\pi}}\Gamma(z)\Gamma\left(z + \frac{1}{2}\right). \tag{28}$$

2.4 $z \to \infty$ のときの漸近挙動

先ず一般に関数 $f(x)$ の整数点における値の和 $\sum f(n)$ を積分を用いて表す次の公式からはじめる．

定理 6（オイラーの総和公式） $f(x)$ は $x \geq 0$ で連続的微分可能な実（または複素）数値関数とするとき，自然数 n に対して

ルジャンドル (Adrien Marie Legendre)：1752–1833

[1] ε_p を 1 の p 乗根，すなわち $\varepsilon_p = e^{2\pi i/p}$ とすると，$x \neq 1$ のとき $1 + x + \cdots + x^{p-1} = \frac{x^p - 1}{x - 1} = \prod_{n=1}^{p-1}(x - \varepsilon_p^n)$. この等式で $x \to 1$ とすると $p = \prod_{n=1}^{p-1}(1 - \varepsilon_p^n)$ となるが，絶対値をとると

$$p = \prod_{n=1}^{p-1} \left| 1 - e^{\frac{2n\pi i}{p}} \right| = \prod_{n=1}^{p-1} \left(\left(1 - \cos \frac{2n\pi}{p}\right)^2 + \sin^2 \frac{2n\pi}{p} \right)^{\frac{1}{2}} = \prod_{n=1}^{p-1} 2\sin \frac{n\pi}{p}.$$

$$\frac{1}{2}\left(f(0) + f(n)\right) + \sum_{k=1}^{n-1} f(k) = \int_0^n f(x)\,dx + \int_0^n f'(x)\widetilde{B}_1(x)\,dx \quad (29)$$

である. 但し $\widetilde{B}_1(x) = x - [x] - \frac{1}{2}$ (1.4節の (21) を参照のこと).

(証明) $\widetilde{B}_1(x)$ は $x = k+1$ $(k = 0, 1, 2, \ldots)$ で不連続ゆえ, 各積分 $\int_k^{k+1}$ は $\lim_{\varepsilon \to +0} \int_k^{k+1-\varepsilon}$ であることに注意して, 部分積分すると

$$\int_k^{k+1} f(x)\widetilde{B}_1'(x)\,dx = \frac{1}{2}\left(f(k+1) + f(k)\right) - \int_k^{k+1} f'(x)\widetilde{B}_1(x)\,dx.$$

両辺を k について 0 から $n-1$ まで加えると, $\widetilde{B}_1'(x) = 1$ $(x \neq k)$ ゆえ,

$$\int_0^n f(x)\,dx = \frac{1}{2}\left(f(n) + f(0)\right) + \sum_{k=1}^{n-1} f(k) - \int_0^n f'(x)\widetilde{B}_1(x)\,dx.$$

$\square$

例 オイラー定数について $f(x) = 1/(1+x)$ $(x \geq 0)$ に対して定理6を使うと

$$\frac{1}{2}\left(1 + \frac{1}{n+1}\right) + \sum_{k=1}^{n-1} \frac{1}{k+1} = \int_0^n \frac{dx}{1+x} - \int_0^n \frac{\widetilde{B}_1(t)}{(1+x)^2}\,dx.$$

右辺の第1項は $\log(n+1)$ であり, 第2項は $|\widetilde{B}_1(t)| \leq 1/2$ ゆえ $n \to \infty$ のときこの積分は有限の値に収束する. 従って上式で $n \to \infty$ のとき, 次の極限値（オイラー定数 γ）の存在とその積分表示を得る:

$$\gamma = \lim_{n \to \infty}\left[\sum_{k=0}^n \frac{1}{k+1} - \log(n+1)\right] = \frac{1}{2} - \int_0^\infty \frac{\widetilde{B}_1(t)}{(1+x)^2}\,dx. \quad (30)$$

定理7（スターリングの定理） 任意の正数 δ $(< \pi/2)$ に対し, 複素平面上の角領域 $D_\delta = \{z \mid |\arg z| \leq \pi - \delta\}$ を考える. このとき $z \in D_\delta$ が, $z \to \infty$ のとき, 一様に

$$\log\Gamma(z) = \left(z - \frac{1}{2}\right)\log z - z + \log\sqrt{2\pi} + O\left(\frac{1}{z}\right). \quad (31)$$

スターリング (James Stirling)：1692–1770

(証明) $(15)'$ に従って $\Gamma_n(z) = (n!n^z)/(z(z+1)\cdots(z+n))$ を考え $z = x > 0$ として両辺の対数をとると

$$\log \frac{1}{\Gamma_n(x)} = \sum_{k=0}^{n} \log (x+k) - \sum_{k=1}^{n} \log k - x \log n. \tag{32}$$

ここで $f(t) = \log (x+t)$ として定理 6 を使って

$$\frac{1}{2}\left(\log (x+n) + \log x\right) + \sum_{k=1}^{n-1} \log (x+k)$$
$$= (x+n)\log (x+n) - x\log x - n + \int_0^n \frac{\widetilde{B}_1(t)}{x+t}\,dt. \tag{33}$$

(33) で $x = 1$ とおいた式を (33) から辺々引いて (32) に代入し整理すると

$$\log \Gamma_n(x) = \left(x - \frac{1}{2}\right)\log x + \frac{1}{2}\log \frac{x+n}{1+n} - (n+1)\log\left(1 + \frac{x-1}{n+1}\right)$$
$$+ x\log \frac{n}{x+n} - \left(\int_0^n \frac{\widetilde{B}_1(t)}{x+t}dt - \int_0^n \frac{\widetilde{B}_1(t)}{1+t}\,dt\right).$$

ここで $n \to \infty$ とすると，右辺の第 2 項と第 4 項は $\to 0$，第 3 項は $\to (x-1)$ ゆえ

$$\log \Gamma(x) = \left(x - \frac{1}{2}\right)\log x - x + 1$$
$$- \lim_{n \to \infty}\left(\int_0^n \frac{\widetilde{B}_1(t)}{x+t}\,dt - \int_0^n \frac{\widetilde{B}_1(t)}{1+t}\,dt\right) \tag{34}$$

が得られる．右辺の積分の収束を調べよう．1.1 節の (6) と 1.4 節の (21) から $\widetilde{B}_2'(t)$ は周期 1 の連続関数であって，$\widetilde{B}_2'(t) = 2\widetilde{B}_1(t)$ $(t \neq 0, 1, \ldots)$，$\widetilde{B}_2(n) = \widetilde{B}_2(0) = 1/6$ ゆえ，部分積分により

$$\int_0^n \frac{\widetilde{B}_1(t)}{x+t}\,dt = \frac{1}{12}\left(\frac{1}{x+n} - \frac{1}{x}\right) + \frac{1}{2}\int_0^n \frac{\widetilde{B}_2(t)}{(x+t)^2}\,dt, \qquad (x > 0)$$

がわかる．また $|\widetilde{B}_2(t)| \leq 1/6$ ゆえ $n \to \infty$ のとき右辺の積分は収束して

$$\int_0^\infty \frac{\widetilde{B}_1(t)}{x+t}\,dt = -\frac{1}{12x} + \frac{1}{2}\int_0^\infty \frac{\widetilde{B}_2(t)}{(x+t)^2}\,dt, \qquad x > 0. \tag{35}$$

特に $x = 1$ とすれば $\int_0^\infty [\widetilde{B}_1(t)/(1+t)]\,dt$ の存在もわかり,

$$c := 1 + \int_0^\infty \frac{\widetilde{B}_1(t)}{1+t}\,dt$$

とすると (34) は

$$\log\Gamma(x) = \left(x - \frac{1}{2}\right)\log x - x + c + \frac{1}{12x} - \frac{1}{2}\int_0^\infty \frac{\widetilde{B}_2(t)}{(x+t)^2}\,dt. \qquad (34)'$$

ここで変数 x から z への複素化をすると, $(34)'$ の両辺の関数は 0 及び負の実軸を除いた全平面で正則であり, かつ正の実軸上で等しいから, 一致の定理によって

$$\log\Gamma(z) = \left(z - \frac{1}{2}\right)\log z - z + c + \frac{1}{12z} - \frac{1}{2}\int_0^\infty \frac{\widetilde{B}_2(t)}{(z+t)^2}\,dt. \qquad (36)$$

最後に次の (i)(ii) を示せばよい：

(i)　角領域 D_δ 内で $z \to \infty$ のとき $I_2(z) := \int_0^\infty \dfrac{\widetilde{B}_2(t)}{(z+t)^2}\,dt = O\left(\dfrac{1}{z}\right)$.

(ii)　$c = \log\sqrt{2\pi}$.

(i): $|\widetilde{B}_2(t)| \leq 1/6$ ゆえ, $z = x > 0$ ならば $|I_2(x)| \leq 1/(6x)$, すなわち $I_2(x) = O(1/x)$. 次に $|z + t|^2 = (z+t)(\overline{z}+t)$ ゆえ $z \in D_\delta$ が（正数でなく）$z \neq \overline{z}$ のとき

$$|I_2(z)| \leq \frac{1}{6}\int_0^\infty \frac{dt}{|z+t|^2} = \frac{-1}{6(\overline{z}-z)}\log\frac{z}{\overline{z}} = \frac{1}{6r}\frac{\theta}{\sin\theta},$$

但し $z = x + iy = re^{i\theta}$. $z \in D_\delta$ で $0 < |\theta| \leq \pi - \delta$ ならば $\theta/\sin\theta$ は有界 ($< \pi/\sin\delta$) であり, よって $I_2(z) = O(1/z)$.

(ii): 乗法公式 (28) $\Gamma(2x)\sqrt{\pi} = 2^{2x-1}\Gamma(x)\Gamma(x + 1/2)$ を使う. (36) で $z = x, x + 1/2, 2x$ とそれぞれおいた $\Gamma(z)$ をこの公式に代入して計算すると, (i) を用いて

$$c = \log\sqrt{2\pi} + \frac{1}{2} - x\log\left(1 + \frac{1}{2x}\right) + O\left(\frac{1}{x}\right).$$

ここで $x \to \infty$ のとき右辺の第3項 $\to 1/2$ ゆえ, $c = \log\sqrt{2\pi}$. □

なおこの c の値から

$$\int_0^\infty \frac{\widetilde{B}_1(t)}{1+t}\, dt = \log\sqrt{2\pi} - 1 \tag{37}$$

がわかる.

定理8　角領域 $|\arg z| \le \pi - \delta\ (0 < \delta < \pi/2)$ において $z \to \infty$ のとき

$$\Gamma(z) \sim z^{z-\frac{1}{2}} e^{-z}\sqrt{2\pi}. \tag{38}$$

但し記号 "$\sim$" は $z \to \infty$ のときに両辺の比の極限値が1になることを示す. 特に自然数 n について $n \to \infty$ のとき

$$n! \sim n^{n+\frac{1}{2}} e^{-n}\sqrt{2\pi}. \tag{39}$$

また $z = x > 0$ で $x \to \infty$ のとき

$$\Gamma(x) = x^{x-\frac{1}{2}} e^{-x}\sqrt{2\pi} \exp\left(\frac{1}{12x} - \frac{1}{360x^3} + O\left(\frac{1}{x^5}\right)\right). \tag{40}$$

(証明)　(38) は (31) の辺々の指数関数を考えればわかる. (38) で $z = n$ とすると $\Gamma(n) = (n-1)!$ ゆえ, 両辺に n をかければ (39) を得る. (40) は (34)' に $c = \log\sqrt{2\pi}$ をいれて $z = x$ とすると

$$\Gamma(x) = x^{x-\frac{1}{2}} e^{-x}\sqrt{2\pi} \exp\left(\frac{1}{12x} - \frac{1}{2} I_2(x)\right).$$

積分 $I_2(x)$ に対して $\widetilde{B}_n'(x) = n\widetilde{B}_{n-1}(x),\ (x \ne 0, 1, \ldots)$ を使い部分積分を繰り返す. 例えば4回部分積分すると, $\widetilde{B}_3(0) = \widetilde{B}_5(0) = \cdots = 0$ ゆえ,

$$I_2(x) = \frac{1}{180x^3} + O\left(\frac{1}{x^5}\right)$$

が得られる. □

なお, (40) の指数関数の部分は

$$\exp\left[\frac{1}{12x} - \frac{1}{360x^3} + O\left(\frac{1}{x^5}\right)\right] = 1 + \frac{1}{12x} + O\left(\frac{1}{x^2}\right)$$

とも書ける.

$\Psi(z) := \Gamma'(z)/\Gamma(z)$ で与えられる関数を**ディガンマ (digamma) 関数**あるいは**プサイ (psi) 関数**という．以下この関数についてその性質や差分法との関連について少し記しておく．$\Psi(z)$ は (20) で示したようにオイラー定数 γ を用いて

$$\Psi(z) = -\gamma - \frac{1}{z} - \sum_{n=1}^{\infty} \left(\frac{1}{z+n} - \frac{1}{n} \right). \tag{41}$$

この式と $\Gamma(1) = 1$ より

$$\Psi(1) = \Gamma'(1) = -\gamma \tag{42}$$

であることがわかる．また $\Gamma(z+1) = z\Gamma(z)$ であるから，$\operatorname{Re} z > 0$ のとき

$$\Psi(z+1) = \frac{1}{z} + \Psi(z). \tag{43}$$

従って

$$\Psi(2) = 1 - \gamma \quad (>0).$$

そして (21) から $z = x$ が実数のとき

$$\Psi'(x) > 0, \qquad x \neq 0, -1, -2, \ldots \tag{44}$$

であることから，$\Psi(z)$ の零点について次のことがわかる．

定理9 $\Psi(z)$ の零点は実軸上にのみあり，実軸上の区間 $(k-1, k)$ $(k = 0, -1, -2, \ldots)$ 及び区間 $(1, 2)$ の上に夫々唯1つの1位の零点をもつのみである．

実際，$z = x + iy$ のとき (41) から $\Psi(z)$ の虚部は

$$\operatorname{Im} \Psi(x+iy) = y \sum_{n=0}^{\infty} \frac{1}{(x+n)^2 + y^2}$$

であり，$y = \operatorname{Im} z \neq 0$ ならば $\Psi(z) \neq 0$．次に区間 $[1, 2]$ では $\Psi(1) < 0$ 及び $\Psi(2) > 0$ と (44) から，また各区間 $(k-1, k)$ では (44) と $\Psi(k-1+0) = -\infty$ 及び $\Psi(k-0) = +\infty$ から定理9は証明される．

$\Gamma(z)$ は全平面で $z = 0, -1, -2, \ldots$ で1位の極をもつ以外は正則であって $\neq 0$ であり，$\Gamma'(z) = \Gamma(z)\Psi(z)$ ゆえ $\Gamma'(z)$ は $\Psi(z)$ と同じ零点をもつ．

［補足］ 1章の末尾の補足で導入した差分法の記号[2] を使うと，(43) から $x > 0$ として

$$\Delta \Psi(x) = \frac{1}{x}, \qquad \Delta^{-1} \frac{1}{x} = \Psi(x) \tag{45}$$

である．また容易に

$$\Delta^{-1} \frac{1}{x+a} = \Psi(x+a), \qquad a > 0, \tag{46}$$

$$\Delta^{-1} \frac{1}{x^{n+1}} = \frac{(-1)^n}{n!} \Psi^{(n)}(x), \qquad (n = 1, 2, \ldots).$$

(45) 及び 1 章 (22) より

$$1 + \frac{1}{2} + \cdots + \frac{1}{n} = [\Psi(x)]_1^{n+1} = \Psi(n+1) - \Psi(1)$$

が得られ，(42) を代入すると

$$\Psi(n+1) = 1 + \frac{1}{2} + \cdots + \frac{1}{n} - \gamma \quad (\sim \log n, \ (n \to \infty)) \tag{47}$$

を得る．また $\Psi'(x)$ については (21) より

$$\Psi'(x) = \sum_{n=0}^{\infty} \frac{1}{(x+n)^2} > 0 \quad (x > 0), \qquad \Psi'(x) \downarrow 0 \quad (x \to \infty) \tag{48}$$

であることがわかる．

例

$$\Delta^{-1} \frac{1}{x(x+3)} = -\frac{1}{3} \left(\frac{1}{x} + \frac{1}{x+1} + \frac{1}{x+2} \right).$$

実際，

$$左辺 = \frac{1}{3} \left(\Psi(x) - \Psi(x+3) \right)$$

$$= -\frac{1}{3} \left(\Delta\Psi(x) + \Delta\Psi(x+1) + \Delta\Psi(x+2) \right)$$

---

[2] 関数 $f(x)$ に対して $\Delta f(x) = f(x+1) - f(x)$ である．

ゆえ，(46) よりわかる．

従って上述の例のようにすると，任意の正整数 N に対して

$$\sum_{n=1}^{N-1} \frac{1}{n(n+3)} = \left[\Delta^{-1} \frac{1}{x(x+3)}\right]_{x=1}^{N} = -\frac{1}{3}\left[\frac{1}{x} + \frac{1}{x+1} + \frac{1}{x+2}\right]_{x=1}^{N}.$$

ここで $N \to \infty$ とすると

$$\sum_{n=1}^{\infty} \frac{1}{n(n+3)} = \frac{11}{18}.$$

第3章

リーマンのゼータ関数

3.1 リーマンの積分表示

ここではリーマンのゼータ関数を単にゼータ (zeta) 関数といい，この関連分野では複素変数を $s = \sigma + i\tau$ と書くのが一般的であるのでこの習慣に従う．ゼータ関数 $\zeta(s)$ は既に 1.4 節で触れたように

$$\zeta(s) = \sum_{n=1}^{\infty} \frac{1}{n^s}, \qquad \sigma = \operatorname{Re} s > 1 \tag{1}$$

と定義される関数である．複素べきは $n^s = e^{s \log n}$ であるから

$$|n^s| = e^{\sigma \log n} = n^\sigma$$

であり，実数級 $\sum_{n=1}^{\infty} 1/n^\sigma$ は $\sigma > 1$ で収束，$\sigma \leq 1$ で発散する．従って $\sigma \geq \sigma_0 > 1$ で (1) の右辺は一様収束，すなわち $\sigma > 1$ で広義一様（絶対）収束する．しかも各項 n^{-s} は $\operatorname{Re} s > 1$ で s の正則関数であるから，$\zeta(s)$ は半平面 $\operatorname{Re} s > 1$ で一価な正則関数である．

先ず，$\zeta(s)$ はガンマ関数 $\Gamma(s)$ と密接な関係をもつ．

定理1 $\operatorname{Re} s > 1$ で次式が成り立つ：

$$\Gamma(s)\zeta(s) = \int_0^\infty \frac{x^{s-1}}{e^x - 1}\, dx. \tag{2}$$

(証明) $\Gamma(s) = \int_0^\infty t^{s-1} e^{-t}\, dt\ (\operatorname{Re} s > 0)$ において $t = nx$ とおくと

$$\frac{\Gamma(s)}{n^s} = \int_0^\infty x^{s-1} e^{-nx}\, dx, \qquad n = 1, 2, \ldots.$$

この式を辺々加えあわす．ところで

$$\sum_{n=1}^{\infty} e^{-nx} = \frac{1}{e^x - 1}$$

であり，左辺は $x > 0$ で広義一様に（絶対）収束し，しかも (2) の右辺の積分が存在するから和と積分の順序が交換できて (2) を得る．　　　　　□

　次に $\zeta(s)$ の複素積分によるリーマンの表示を述べる．そのために先ず複素平面 $(z = x + iy)$ 上で次のような向きをもった曲線 $C = C_\delta\ (0 < \delta < 2\pi)$ を考える．すなわち C は $+\infty$ から出発して実軸上を $x = \delta$ までゆき，ついで原点中心，半径 δ の円周を正の方向に一周し，再び実軸に沿って $+\infty$ までもどる．ここでは最初の直線部分を実軸の上岸，最後の部分を下岸と呼ぶ．このとき次の定理が成立する．

定理 2（リーマンの積分表示）　$\sigma = \mathrm{Re}\, s > 1$ なる複素数 s に対して

$$\zeta(s) = -\frac{\Gamma(1-s)}{2\pi i} \int_C \frac{(-z)^{s-1}}{e^z - 1}\, dz. \tag{3}$$

但し $(-z)^{s-1} = e^{(s-1)\log(-z)}$ において $\log$ は正の実軸以外では $-\pi < \arg(-z) < \pi$ なる分枝をとり，上の積分は上岸と下岸では夫々の側からの被積分関数の値についてである．

（証明）　議論の都合のため，C を C_δ と表し，(3) の右辺の積分を $I(s)\ (= I(s, C_\delta))$，すなわち

$$I(s) = \int_{C_\delta} \frac{(-z)^{s-1}}{e^z - 1}\, dz \tag{4}$$

とおく．被積分関数は $0 < |z| < 2\pi$ で z の正則関数ゆえ，コーシーの定理によりこの積分の値は $\delta\ (0 < \delta < 2\pi)$ に無関係であることがわか

る[1]．ここで $\delta \to 0$ を考える．半径 δ の円周に沿う積分は $O(\delta^{\sigma-1})$ であり，$\sigma = \mathrm{Re}\,s > 1$ ゆえ 0 に収束する．次に実軸上で，被積分関数の上岸と下岸の値の相異は $\log(-z)$ の部分だけである．図からわかるように，$x \in \mathbb{R}$ が上岸の点ならば $\log(-z) \to \log x - \pi i$，$x$ が下岸の点ならば $\log(-z) \to \log x + \pi i$．従って

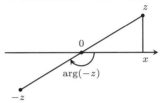

$$
\begin{aligned}
I(s) &= \lim_{\delta \to 0} I(s, C_\delta) \\
&= \int_\infty^0 \frac{x^{s-1} e^{-(s-1)\pi i}}{e^x - 1}\, dx + \int_0^\infty \frac{x^{s-1} e^{(s-1)\pi i}}{e^x - 1}\, dx \\
&= (2i \sin(s-1)\pi) \int_0^\infty \frac{x^{s-1}}{e^x - 1}\, dx \\
&= -2i \sin(s\pi) \Gamma(s) \zeta(s) \qquad (定理 1)．
\end{aligned}
$$

そして 2.1 節 (10) のガンマ関数の相反公式 $\Gamma(s)\Gamma(1-s) = \pi/\sin \pi s$ を用いて (3) を得る． $\qquad\qquad\qquad\qquad\qquad\qquad\qquad\qquad\Box$

定理 2 から直ちに得られるゼータ関数の性質をあげる．先ず，$(-z)^{s-1}$ は $z \neq 0$ のとき s について微分可能であり，また (4) の積分路は $z = 0$ を通らないから $I(s)$ を積分記号下で微分した積分も存在し，従って $I(s)$ は s につ

---

[1] (4) の被積分関数を f とすると，f は実軸の正の部分の上岸と下岸で対数の分枝が異なるので，注意をしておく．円環 $\{\delta' < |z| < \delta\}$ から区間 $I = (\delta', \delta)$ を除いた領域を G とし，その境界を ∂G と表すとき，$\int_{\partial G} f\, dz = 0$ をいえばよい．通常のコーシーの定理でそれを示すには，例えば G を 2 つの G_1, G_2 に分け $\int_{\partial G_i} f\, dz = 0\ (i = 1, 2)$ をいう．そのためには G_1 では G_1 を含む G_1' を考えると f は G_1' へ正則に延長でき（実軸の下でもとの f と分岐が違うだけ），従ってコーシーの定理によって $\int_{\partial G_1} f\, dz = 0$．もちろん区間 I 上では上岸における f の値について考えている．G_2 についても同様．

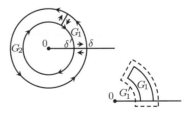

いて全平面で正則である．一方で $\Gamma(1-s)$ は $s=1,2,\ldots$ でのみ（1位の）極をもつ s 平面上の有理型関数である．従って，$\zeta(s)$ は (3) の右辺によって $\mathrm{Re}\,s > 1$ から（$s=1$ を除いた）全平面へ解析接続される．以下この解析接続された関数も $\zeta(s)$ と表す．すなわち $\zeta(s)$ は $\mathrm{Re}\,s > 1$ の正則関数を解析接続したものであり，$s=1$ にのみ（1位の）極をもつ s 平面上の有理型関数である．その $s=1$ における留数は1であることを見よう．先ず $s \to 1$ のとき

$$I(s) \to I(1) = \int_{|z|=\delta} \frac{1}{e^z - 1}\, dz = 2\pi i \qquad (留数定理),$$

よって $I(s) = 2\pi i + O((s-1))$．また $s = 1$ の近傍で $\Gamma(1-s) = (1-s)^{-1} + \cdots$ ゆえ $\zeta(s) = (s-1)^{-1} + \cdots$ という形のローラン展開をもつ[2]．以上をまとめて次の定理を得る．

定理3 ゼータ関数 $\zeta(s)$ は $\mathrm{Re}\,s > 1$ から (3) の右辺によって $s=1$ を除く全平面に正則に解析接続され，$s=1$ では留数1の1位の極をもつ．また $\zeta(s)$ は実軸上 $s > 1$ で実数値をとるから（鏡像の原理により）全ての $s\,(\neq 1)$ に対して

$$\zeta(\bar{s}) = \overline{\zeta(s)}. \tag{5}$$

ここで $\zeta(-n)\ (n=0,1,2,\ldots)$ の値について注意しておく．$s = -n$ のとき $(-z)^{s-1} = (-z)^{-n-1}$ は z の一価関数であるから $I(s)$ の直線部分の上岸と下岸の積分は消しあって半径 δ の円周 C' に沿う積分になる．ここで 1.3 節の (14) を用いて，次の式を得る；

$$I(-n) = \int_{C'} \frac{(-z)^{-n-1}}{e^z - 1}\, dz = \int_{C'} \frac{(-z)^{-n-1}}{z}\left(\sum_{m=0}^{\infty} \frac{B_m}{m!} z^m\right) dz.$$

最後の級数は $|z| \leq \delta\ (< 2\pi)$ で一様収束するから，項別積分すると (3) により

$$\zeta(-n) = (-1)^n \frac{\Gamma(n+1)}{2\pi i} \sum_{m=1}^{\infty} \frac{B_m}{m!} \int_{C'} z^{m-n-2}\, dz = (-1)^n \frac{B_{n+1}}{n+1}. \tag{6}$$

ローラン (Pierre Alphonse Laurent)：1813–1854

[2] 詳しくは，(13) の通り，$\zeta(s) = (s-1)^{-1} + \gamma + \cdots$（$\gamma$ はオイラー定数）である．

1.3節の (12) より $B_{2m+1} = 0$ であるので, $m = 1, 2, \ldots$ に対して

$$\zeta(-2m+1) = -\frac{B_{2m}}{2m}, \qquad \zeta(-2m) = 0. \tag{6}'$$

従って $\zeta(0) = B_1 = -1/2, \zeta(-1) = -B_2/2 = -1/12, \zeta(-3) = 1/120, \ldots$.

また (6)$'$ より $\zeta(s)$ は $s = -2, -4, -6, \ldots$ を零点にもつことがわかる. こ れらを $\zeta(s)$ の**自明な零点 (trivial zeros)** という. なお正の偶数点における値 は 1.4節の定理4に示した.

3.2 関 数 等 式

$\zeta(s)$ と $\zeta(1-s)$ を結びつける以下の関係をゼータ関数の**関数等式 (functional equation)** という. 先ずは次の定理から始める.

定理4 $s \neq 1$ のとき次式が成り立つ;

$$\zeta(s) = 2(2\pi)^{s-1}\Gamma(1-s)\left(\sin\frac{\pi s}{2}\right)\zeta(1-s). \tag{7}$$

(証明) (3) における積分路 C ($= C_\delta$) を図の C_N ($N = 1, 2, \ldots$) のように 変更する. すなわち C を構成する半径 δ の円周の代わりに一辺の長さが $2(2N + 1/2)\pi$ の正方形の周をとる. 被積分関数 $(-z)^{s-1}/(e^z-1)$ は $C_N - C$ によって囲 まれた領域では $\pm 2n\pi i$ ($n = 1, 2, \ldots, N$) において 1 位の極をもつ以外は z について 正則であるから, 留数定理により

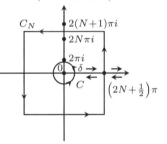

$$\frac{1}{2\pi i}\int_{C_N-C}\frac{(-z)^{s-1}}{e^z-1}\,dz = \sum_{n=1}^{N}\left[(-2n\pi i)^{s-1} + (2n\pi i)^{s-1}\right] \tag{8}$$

$$= 2\sum_{n=1}^{N}(2n\pi)^{s-1}\sin\frac{\pi s}{2}\ ^{3)}.$$

先ず $\sigma = \operatorname{Re} s < 0$ とする. C_N の正方形の辺上では

---

3) 被積分関数の対数の分枝に注意すると, $(-i)^{s-1} + i^{s-1} = 2\cos\frac{(s-1)\pi}{2} = 2\sin\frac{\pi s}{2}$.

$$\left|(-z)^{s-1}\right| = O\left(\frac{1}{|z|^{1-\sigma}}\right) = O\left(\frac{1}{N^{1-\sigma}}\right) \qquad (N \to \infty).$$

次に被積分関数の分母を評価するために $w = e^z$ とおくと，C_N の実軸に平行な辺上の z の像 w は w 平面の虚軸上にあるから $|w-1| \geq 1$. また虚軸に平行な辺上の z の像は円周 $|w| = e^{\pm(2N+1/2)\pi}$ の上にあり，その半径は $N \to \infty$ のとき $+\infty$ あるいは 0 に近づくから，N が大ならば $|w-1| \geq 1/2$. また C_N の正方形部分の長さは $8(2N+1/2)\pi$ であるから C_N の正方形部分の積分は $N \to \infty$ のとき 0 に収束する[4]. ゆえに (8) の左辺は，定理 2 の (3) を $s = 1$ を除いて解析接続した式を用いて，

$$-\frac{1}{2\pi i} \int_C \frac{(-z)^{s-1}}{e^z - 1}\, dz = \frac{\zeta(s)}{\Gamma(1-s)}$$

となる．一方 $\mathrm{Re}\, s < 0$ のとき $\sum_{n=1}^{\infty} 1/n^{1-s} = \zeta(1-s)$ は収束するから (8) の最後の式は $N \to \infty$ のとき

$$2\sin\frac{\pi s}{2}(2\pi)^{s-1}\zeta(1-s)$$

となる．すなわち (7) は $\mathrm{Re}\, s < 0$ で成立する．$\mathrm{Re}\, s \geq 0$ の場合は $s\,(\neq 1)$ について解析接続することにより，全ての $s\,(\neq 1)$ について (7) を得る．　　□

　次に (7) の変形を 2 つ記す．ガンマ関数の相反公式（2.1 節 (10)）

$$\Gamma(s)\Gamma(1-s) = \frac{\pi}{\sin \pi s}$$

と $\sin \pi s = 2\sin\frac{\pi s}{2}\cos\frac{\pi s}{2}$ を用いて (7) を変形すると，

$$\zeta(1-s) = \frac{2}{(2\pi)^s}\cos\frac{\pi s}{2}\Gamma(s)\zeta(s) \tag{7$'$}$$

が得られる．もう 1 つの変形が定理 5 で，左辺と右辺が s と $1-s$ について対称な形になるものである．ガンマ関数の相反公式から

$$\sin\frac{\pi s}{2} = \frac{\pi}{\Gamma(\frac{s}{2})\Gamma(1-\frac{s}{2})},$$

---

[4] 被積分関数の $N \to +\infty$ のときの評価をすれば示される．

及び 2.3 節の (27) のルジャンドルの乗法公式で $z = 1 - s$ とおいた式

$$\Gamma(1-s) = \frac{\Gamma\left(\frac{1-s}{2}\right)\Gamma\left(1 - \frac{s}{2}\right)}{2^s \sqrt{\pi}}$$

を用いて (7) を変形すると，次の等式を得る.

定理 5（関数等式）　$s \neq 0,\, s \neq 1$ のとき

$$\pi^{-\frac{s}{2}} \Gamma\left(\frac{s}{2}\right)\zeta(s) = \pi^{-\frac{1-s}{2}} \Gamma\left(\frac{1-s}{2}\right)\zeta(1-s). \tag{9}$$

なお (7) も (7)′ もゼータ関数の関数等式と呼ばれる．定理 4 から次の結果を得る.

定理 4 の系　$\zeta(s)$ の自明の零点 $s = -2m\ (m = 1, 2, \ldots)$ は全て 1 位である.

　実際，$\zeta(1-s)$ は $\mathrm{Re}\, s < 0$ で正則，かつ（後述の無限積展開から）$\neq 0$ で，また $\Gamma(1-s)$ もそこで $\neq 0$. 従って (7) から $\zeta(s)$ の $\mathrm{Re}\, s < 0$ における零点は $\sin(\pi s/2)$ の零点と一致する.

　さて，$\zeta(s)$ の自明でない零点 (nontrivial zeros) の研究には次の **ξ（グザイ，xi）関数**が利用される：

$$\xi(s) = \frac{1}{2}s(s-1)\pi^{-\frac{s}{2}}\, \Gamma\left(\frac{s}{2}\right)\zeta(s). \tag{10}$$

この ξ 関数の基本的性質を挙げると

$$\begin{cases} \text{(i)} & \xi(s) \text{ は整関数であり，その零点は } \zeta(s) \text{ の自明でない零点と一致する} \\ \text{(ii)} & \xi(s) = \xi(1-s) \\ \text{(iii)} & \xi(\bar{s}) = \overline{\xi(s)} \\ \text{(iv)} & \xi\left(\frac{1}{2} + i\tau\right)\ (-\infty < \tau < +\infty) \text{ は実数である.} \end{cases} \tag{11}$$

　実際，(i)：$\Gamma(s/2)$ は $s = 0, -2m\ (m = 1, 2, \ldots)$ で 1 位の極をもつ以外は正則であり，$\zeta(s)$ は上述のように $s = -2m$ で 1 位の自明の零点をもち，また $s = 1$ で 1 位の極をもつ．よって定理 4 の系から (10) の右辺の極は全て消え，s 平面で正則（すなわち整関数）となる．2.2 節の定理 3′ の通り，$\Gamma(s/2)$ は極以外では $\neq 0$ ゆえ後半がわかる．(ii) は関数等式 (9) による．(iii) $\xi(s)$

は実軸上 $s > 1$ で実数値をとるから鏡像の原理により全ての s に対して (iii) が成立. 最後に (ii), (iii) より $\xi(1/2 + i\tau) = \overline{\xi(1/2 + i\tau)}$ が従い, (iv) を得る.

(ii), (iii) より $\xi(s)$ の零点は $\operatorname{Re} s > 0$ では虚軸に平行な直線 $\operatorname{Re} s = 1/2$ 及び実軸に関して対称である. なお ξ 関数の他の性質については後程ふれる.

ゼータ関数の解析接続については, リーマンの表示によるもの以外にもある. 次にその幾つかを記す.

定理 6 次式は $\zeta(s)$ の $\operatorname{Re} s > 1$ から, 半平面 $\operatorname{Re} s > 0$ から $s = 1$ を除いた領域への解析接続を与える:

$$\zeta(s) = \frac{1}{s-1} + \frac{1}{2} - s \int_0^\infty \frac{\widetilde{B}_1(x)}{(1+x)^{s+1}} \, dx. \tag{12}$$

但し 1.4 節の (21) の通り, $\widetilde{B}_1(x) = x - [x] - 1/2$.

(証明) $f(x) = (1+x)^{-s}$ $(\operatorname{Re} s > 1)$ に対して区間 $[0, n]$ でオイラーの総和公式 (2.4 節 定理 6) を使い, $n \to \infty$ とすると (12) が得られる. ところで $|\widetilde{B}_1(x)| \le 1/2$ ゆえ $\operatorname{Re} s > 0$ で (12) の積分は存在して s の正則関数を表すから, $\zeta(s)$ は (12) の右辺によって $s = 1$ を除いて $\operatorname{Re} s > 0$ まで解析接続される ☐

$\widetilde{B}_1(x)$ は周期 1 の関数であるから,

$$\int_0^\infty \frac{\widetilde{B}_1(x)}{(1+x)^{s+1}} \, dx = \int_1^\infty \frac{\widetilde{B}_1(x)}{x^{s+1}} \, dx$$

であり, 従って (12) は次のようにも書ける:

$$\zeta(s) = \frac{s}{s-1} - s \int_1^\infty \frac{x - [x]}{x^{s+1}} dx. \tag{12}'$$

(12) から $\zeta(s)$ は $s = 1$ で留数 1 の 1 位の極をもつことが再び見られたが, さらに $s \to 1$ とすると 2.4 節の (30) により

$$\lim_{s \to 1} \left(\zeta(s) - \frac{1}{s-1} \right) = \frac{1}{2} - \int_0^\infty \frac{\widetilde{B}_1(x)}{(1+x)^2} \, dx = \gamma, \tag{13}$$

すなわち $\zeta(s)$ の $s=1$ のまわりのローラン展開の定数項はオイラー 定数 γ に等しいことがわかった.

次に $\mathrm{Re}\, s > 1$ で $\zeta(s) = \sum_{n=1}^{\infty} 1/n^s$ は絶対収束ゆえ項の順序をかえてもよいから

$$\left(1 - \frac{1}{2^{s-1}}\right)\zeta(s) = \left(1 + \frac{1}{2^s} + \frac{1}{3^s} + \cdots\right) - 2\left(\frac{1}{2^s} + \frac{1}{4^s} + \cdots\right)$$

$$= 1 - \frac{1}{2^s} + \frac{1}{3^s} - \frac{1}{4^s} + \cdots. \tag{14}$$

一般に $\sum_{n=1}^{\infty} a_n/n^s$ という形の級数はディリクレ級数（の一種）であるが，もしそれが $s = s_0$ $(\mathrm{Re}\, s_0 > 0)$ で収束すれば半平面 $\mathrm{Re}\, s > \mathrm{Re}\, s_0$ で広義一様収束し，s の正則関数をあたえる（詳細は省略するが，例えば文献 $[\mathrm{I}, 5]$ 参照）．ところで (14) の最後の交代級数は任意の正数 σ に対して $s = \sigma$ で収束するから (14) は $\mathrm{Re}\, s > 0$ で s の正則関数をあたえる．すなわち $\zeta(s)$ は上式により $s = 1$ を除いて $\mathrm{Re}\, s > 0$ へ解析接続される．$0 < s = \sigma$ ならば (14) の右辺の和 $\geq 1 - 2^{-\sigma} > 0$ ゆえ

$$0 < \sigma < 1 \quad \text{ならば} \quad \zeta(\sigma) < 0 \tag{15}$$

である.

3.3 素数との関係

ゼータ関数 $\zeta(s)$ と素数の関係を示す最初の基本的結果は，次のオイラーの定理である．数列 $\{p_n\}$ $(n = 1, 2, \ldots)$ は素数を小さいものから順に並べたもので，$p_1 = 2$, $p_2 = 3$, $p_3 = 5$, $\ldots$ とする.

定理 7（オイラーの関係） $\mathrm{Re}\, s > 1$ のとき

$$\frac{1}{\zeta(s)} = \prod_{n=1}^{\infty}\left(1 - \frac{1}{p_n^s}\right). \tag{16}$$

（証明） $\sigma = \mathrm{Re}\, s > 1$ ならば

$$\sum_{n=1}^{\infty} \frac{1}{|n^s|} = \sum_{n=1}^{\infty} \frac{1}{n^\sigma} < \infty$$

ディリクレ (Peter Gustav Lejeune Dirichlet)：1805–1859

ゆえ $\sum_{n=1}^{\infty} n^{-s}$ は絶対収束するので,

$$(1 - 2^{-s})\zeta(s) = (1 + 2^{-s} + 3^{-s} + \cdots) - (2^{-s} + 4^{-s} + 6^{-s} + \cdots)$$
$$= 1 + 3^{-s} + 5^{-s} + \cdots.$$

最後の級数では2を因数にもつ項は全て除かれている. 次に

$$(1 - 2^{-s})(1 - 3^{-s})\zeta(s) = 1 + 5^{-s} + 7^{-s} + \cdots$$

では右辺は2及び3を因数にもつ項を含まない. 順次同様に

$$(1 - 2^{-s})(1 - 3^{-s}) \cdots (1 - p_n^{-s})\zeta(s) = 1 + p_{n+1}^{-s} + \cdots$$

となり, 右辺の各項は $p_1, p_2, \ldots, p_n$ を因数として含まない. よって

$$\left| (1 - p_1^{-s}) \cdots (1 - p_n^{-s})\zeta(s) - 1 \right| \leq \sum_{k \geq 1} (p_{n+k})^{-\sigma} \leq \sum_{m \geq n+1} m^{-\sigma}.$$

ところで素数は無数にあるから, この不等式の右辺は $n \to \infty$ のとき 0 に収束するので (16) が示された. □

定理7の系 $\zeta(s)$ は半平面 $\mathrm{Re}\, s > 1$ では零点をもたない.

オイラーの関係から, ゼータ関数と次のような整数論的な関数との関係が導かれる.

$P_n(s) = (1 - p_1^{-s}) \cdots (1 - p_n^{-s})$ とするとき, オイラーの関係

$$\zeta(s)^{-1} = \lim_{n \to \infty} P_n(s) \qquad (\mathrm{Re}\, s > 1)$$

において $P_n(s)$ の括弧をはずして並べ替え $n \to \infty$ とすると, 次式を得る;

$$\frac{1}{\zeta(s)} = \sum_{n=1}^{\infty} \frac{\mu(n)}{n^s}, \qquad \mathrm{Re}\, s > 1. \tag{17}$$

ここに, 関数 $\mu(n)$ $(n = 1, 2, \ldots)$ は**メビウスの関数**と呼ばれるもので, n の素因数分解を用いて次のように定義される:

$$\mu(n) = \begin{cases} 1 & (n = 1) \\ (-1)^k & (n \, \text{が} \, k \, \text{個の相異なる素数の積のとき}) \\ 0 & (n \, \text{がある素数の2乗を因数に含むとき}). \end{cases}$$

メビウス (August Ferdinand Möbius):1790–1868

$|\mu(n)| \leq 1$ ゆえ (17) より

$$\frac{1}{|\zeta(s)|} \leq \zeta(\sigma), \qquad \sigma = \operatorname{Re} s > 1. \tag{18}$$

従って

$$\frac{1}{\zeta(s)} = O\Big(\frac{1}{\sigma-1}\Big), \qquad \sigma \to 1+0. \tag{19}$$

次にオイラーの関係の両辺の主枝の対数をとると，$\operatorname{Re} s > 1$ に対して

$$\operatorname{Log} \zeta(s) = -\sum_p \operatorname{Log}\big(1 - p^{-s}\big) = \sum_p \sum_{m=1}^{\infty} \frac{1}{mp^{ms}},$$

但し $\sum_p$ は全ての素数 p にわたる和である．ここで**マンゴルトの関数**

$$\Lambda(n) = \begin{cases} \log p & (n \text{ が素数 } p \text{ のべき } (n = p^k) \text{ のとき}) \\ 0 & (\text{その他のとき}) \end{cases}$$

を導入すると，

$$\operatorname{Log} \zeta(s) = \sum_{n=2}^{\infty} \frac{\Lambda(n)}{n^s \log n} \tag{20}$$

となる．ここで (20) を s について微分すると

$$-\frac{\zeta'(s)}{\zeta(s)} = \sum_{n=1}^{\infty} \frac{\Lambda(n)}{n^s} \qquad (\operatorname{Re} s > 1). \tag{21}$$

3.4 ゼータ関数の零点

すでに述べたように $\zeta(s)$ は $\operatorname{Re} s > 1$ では零点をもたず，$\operatorname{Re} s < 0$ では自明の零点 $s = -2m$ $(m = 1, 2, \ldots)$ をもつのみであるから，非自明の零点は帯状領域 $0 \leq \operatorname{Re} s \leq 1$ に含まれる．ここでは先ず $\zeta(s)$ の非自明の零点によるその無限積表示を述べる．そのために先ず次の補題を準備する．

マンゴルト (Hans Carl Friedrich von Mangoldt): 1854–1925

補題1　整関数

$$\xi(s) = \frac{1}{2}s(s-1)\pi^{-\frac{s}{2}}\Gamma\left(\frac{s}{2}\right)\zeta(s) \tag{22}$$

の位数は1である[5]．

（証明）　$\xi(s) = \xi(1-s)$ ゆえ整関数 $\xi(s)$ の増大度は $\mathrm{Re}\,s \geq 1/2$ で調べればよい．そこではスターリングの定理（2.4節 定理7及び定理8）により，$|s|$ が十分大ならば

$$\Gamma\left(\frac{s}{2}\right) \leq e^{C_1|s|\log|s|}.$$

次に (12) から $\mathrm{Re}\,s > 0$ で

$$|(s-1)\zeta(s)| \leq C_2|s|^2.$$

また $|\pi^{-s/2}| < 1$ $(\mathrm{Re}\,s \geq 1/2)$ であるので，

$$|\xi(s)| \leq e^{C_3|s|\log|s|}, \qquad \sigma = \mathrm{Re}\,s \geq 1/2.$$

ここに C_1, C_2, C_3 は適当な定数を表す．上式はもちろん $\mathrm{Re}\,s = \sigma \leq 1/2$ でも正しいから，任意の $\varepsilon > 0$ に対して

$$|\xi(s)| \leq Ce^{|s|^{1+\varepsilon}},$$

すなわち $\xi(s)$ の位数は ≤ 1．一方，実数 $\sigma \to \infty$ のとき $\zeta(\sigma) \to 1$．そしてまたスターリングの公式（2.4節 (40)）を使って計算すると $|\xi(\sigma)|e^{-\sigma} \to \infty$ $(\sigma \to \infty)$，よって $\max_{|s|=\sigma}\left(|\xi(s)|e^{-|s|}\right) \to \infty$．すなわち $\xi(s)$ の位数は ≥ 1 であり，結局整関数 $\xi(s)$ の位数は1となる．　　　□

　上記の証明で $\zeta(\sigma) \to 1$ $(\sigma \to +\infty)$ について，もう少し丁寧に説明しておく．$s = \sigma + i\tau$ で $\sigma > 1$ とする．$n = 2, 3, \ldots$ について

$$\frac{1}{n^\sigma} < \int_{n-1}^n \frac{1}{x^\sigma}\,dx$$

---

[5] 整関数の位数については4.2節を参照のこと．

ゆえ

$$1 \le \sum_{n=1}^{\infty} \frac{1}{n^\sigma} = 1 + \sum_{n=2}^{\infty} \frac{1}{n^\sigma} < 1 + \int_1^\infty \frac{dx}{x^\sigma} = \frac{\sigma}{\sigma-1}$$

となり, $\sigma \to +\infty$ のとき $\zeta(\sigma) \to 1$ がわかる. この不等式から, $\mathrm{Re}\, s > 1$ のとき

$$0 < |\zeta(s)| \le \sum_{n=1}^{\infty} \frac{1}{n^\sigma} < \frac{\sigma}{\sigma-1}$$

が得られ (17) と併せると

$$\frac{1}{|\zeta(s)|} \le \sum_{n=1}^{\infty} \frac{|\mu(n)|}{|n^s|} \le \sum_{n=1}^{\infty} \frac{1}{n^\sigma} < \frac{\sigma}{\sigma-1}$$

であり, $\sigma \to +\infty$ のとき $|\zeta(s)| \to 1$ であることがわかる. これらをまとめると, 次の命題が得られる.

命題1　$s = \sigma + i\tau$ で $\sigma > 1$ のとき $|\log|\zeta(s)|| < \log(\sigma/(\sigma-1))$ であり, $\sigma \to +\infty$ のとき $\log|\zeta(s)| \to 0$ すなわち $|\zeta(s)| \to 1$ が成立する.

　s が実軸に平行に $\sigma \to +\infty$ ではなく, 例えば正数 ε $(< \pi/2)$ に対して $s = 1$ を頂点とする角領域 $\{s \mid |\arg(s-1)| < \pi/2 - \varepsilon\}$ 内で $s \to \infty$ でも同様である.

　さて $\xi(s)$ の位数が 1 であるからアダマールの因数分解定理 (4.2 節参照) により

$$\xi(s) = e^{a+bs} \prod_\rho \left(1 - \frac{s}{\rho}\right) e^{\frac{s}{\rho}} \tag{23}$$

と書ける. ここに ρ は $\zeta(s)$ の非自明な零点の全てをわたり, a, b は定数である. このとき

$$a = -\log 2, \qquad b = \log 2\sqrt{\pi} - 1 - \frac{\gamma}{2}$$

を示そう. $\xi(0) = -\zeta(0) = 1/2$ より $a = -\log 2$. 次に b を求めるために先ず (22), (23), 及び $\Gamma(z+1) = z\Gamma(z)$ を用いて $\log \xi(s)$ の導関数を計算す

ると,

$$\frac{\zeta'(s)}{\zeta(s)} = b + \frac{1}{2}\log\pi - \frac{1}{s-1} - \frac{1}{2}\frac{\Gamma'\left(\frac{s}{2}+1\right)}{\Gamma\left(\frac{s}{2}+1\right)} + \sum_\rho \left(\frac{1}{s-\rho} + \frac{1}{\rho}\right). \quad (24)$$

ここで $s = 0$ とおくと $\Gamma'(1) = -\gamma$ (2.4節 (42)) ゆえ

$$\frac{\zeta'(0)}{\zeta(0)} = b + \frac{1}{2}\log\pi + 1 + \frac{\gamma}{2}. \quad (25)$$

さて $\zeta'(0)$ は関数等式 (7) を s で微分し $s \to 0$ とすると

$$\zeta'(0) = -\frac{1}{2}\log 2\pi \quad (26)$$

がわかる (例えば, $f(s) = 2(2\pi)^{s-1}\Gamma(1-s)$, $g(s) = (\sin(\pi s/2))\zeta(1-s)$ とおくと $\zeta(s) = f(s)g(s)$. $f(0) = 1/\pi$, $f'(0) = (\log 2\pi + \gamma)/\pi$, そして $s = 0$ のまわりで $g(s) = -\pi/2 + \pi s\gamma/2 + \cdots$ ゆえ $g(0) = -\pi/2$, $g'(0) = \gamma\pi/2$. これより $\zeta'(0) = f'(0)g(0) + f(0)g'(0) = -(\log 2\pi)/2$). よって (25) と併せて b が求められた. また同時に

$$\frac{\zeta'(0)}{\zeta(0)} = \log 2\pi. \quad (25)'$$

以上から $\zeta(s)$ の非自明の零点 ρ による**無限積表示**を得る:

$$\zeta(s) = \frac{e^{(\log 2\pi - 1 - \frac{\gamma}{2})s}}{2(s-1)\Gamma(\frac{s}{2}+1)} \prod_\rho \left(1 - \frac{s}{\rho}\right)e^{\frac{s}{\rho}}. \quad (27)$$

$\zeta(s)$ の非自明な零点の分布を見るために, $T > 1$ に対して長方形 $\{s \mid 0 < \mathrm{Re}\, s < 1, 0 < \mathrm{Im}\, s \leq T\}$ に含まれる $\zeta(s)$ の零点の重複度を込めた個数を $N(T)$ とするとき, 次の結果が知られている.

定理 8 (リーマン・マンゴルト)

$$N(T) = \frac{T}{2\pi}\left(\log\frac{T}{2\pi} - 1\right) + O(\log T), \qquad T \to \infty \quad (28)$$

が成り立つ.

この定理はゼータ関数の零点の分布に関する情報をあたえる重要な 結果である. 証明は 4.1 節に記すことにし，ここでは定理 8 の直接的な系として得られる若干の結果をあげる.

(i) 任意に固定した正数 h に対して

$$(0 \leq) \, N(T+h) - N(T) \leq A \log T, \qquad T \to \infty \qquad (29)$$

がなりたつ. 但し A は h にのみ依存する定数である.

実際，(28) から $N(T+h) - N(T)$ を計算すれば容易にわかる.

(ii) ゼータ関数の非自明の零点に番号をつけて $\rho_n = \beta_n + i\gamma_n$（但し $\gamma_n \leq \gamma_{n+1}$）$(n = 1, 2, \ldots)$ とする. なお重複点は重複度だけ並べるものとする. このとき

$$\gamma_n \sim \frac{2\pi n}{\log n}, \qquad n \to \infty. \qquad (30)$$

実際，(28) から

$$N(T) \sim \frac{T \log T}{2\pi}, \qquad T \to \infty$$

であり

$$N(\gamma_n \pm 1) \sim \frac{1}{2\pi} \gamma_n \log \gamma_n, \qquad n \to \infty$$

がわかる. ところで $N(\gamma_n - 1) < n \leq N(\gamma_n + 1)$ であるから

$$\gamma_n \log \gamma_n = 2\pi n (1 + \delta_n), \qquad \delta_n \to 0 \quad (n \to \infty). \qquad (31)$$

従って $\log \gamma_n + \log \log \gamma_n = \log(2\pi n) + \log(1 + \delta_n)$ から

$$1 = \lim_{n \to \infty} \frac{\log(2\pi n)}{\log \gamma_n} = \lim_{n \to \infty} \frac{\log n}{\log \gamma_n}.$$

この式と (31) から (30) が得られる.

[**注意**] (30) から次のことがわかることに注意する：

① $\sum_{n=1}^{\infty} 1/\gamma_n$ は発散する，

② 任意の正数 ε に対して $\sum_{n=1}^{\infty} 1/\gamma_n^{1+\varepsilon}$ は収束する.

実際，(30) より，任意の正数 δ (< 1) に対して整数 N がとれ，$n > N$ に対して

$$\frac{(1-\delta)\log n}{2\pi n} < \frac{1}{\gamma_n} < \frac{(1+\delta)\log n}{2\pi n}$$

より，①は明らかである．またこの不等式から

$$\frac{1}{\gamma_n^{1+\varepsilon}} < \frac{a_n}{n^{1+\frac{\varepsilon}{2}}}, \quad a_n = \frac{(\log n)^{1+\varepsilon}}{n^{\frac{\varepsilon}{2}}}$$

で $a_n \to 0$ ($n \to +\infty$) であることから②が従う．

(iii)

$$\sum_{0 < \gamma_n \leq T} \frac{1}{\gamma_n} = O\big((\log T)^2\big).$$

(i) の結果を用いると

$$
\begin{aligned}
\text{左辺} &= \sum_{0 < \gamma_n < 1} \frac{1}{\gamma_n} + \sum_{1 \leq m \leq T-1} \left(\sum_{m < \gamma_n \leq m+1} \frac{1}{\gamma_n} \right) \\
&= O(1) + \sum_{1 \leq m \leq T} \frac{N(m+1) - N(m)}{m} \\
&= O\left(\sum_{1 \leq m \leq T} \frac{\log m}{m} \right) \\
&= O\big((\log T)^2\big).
\end{aligned}
$$

ゼータ関数 $\zeta(s)$ の非自明の零点の分布に関する以上のような量的結果に対し，定性的な問題として"ゼータ関数の非自明零点は全て直線 $\mathrm{Re}\, s = 1/2$ の上にあるであろう"というのが周知の**リーマン予想 (Riemann hypothesis)**(1859) である．実際，その直線上に無数の零点があることは知られている (Hardy, 1914 他)．この予想に関して多方面から実に多くの研究がなされているが，現在までのところ未解決である．

3.5 補遺：テータ関数との関係

$s > 0$ に対して**テータ (theta) 関数** $\vartheta(s)$ を次式で定義する：

$$\vartheta(s) = \sum_{n=-\infty}^{\infty} e^{-\pi n^2 s} \quad \left(= 1 + 2\sum_{n=1}^{\infty} e^{-\pi n^2 s} \right). \tag{32}$$

この級数は $s > 0$ で絶対収束し，$0 < s_0 \leq s$ で一様収束する．容易に

$$0 < \vartheta(s) - 1 < 2\sum_{n=1}^{\infty} e^{-\pi n s} \leq \frac{2}{1 - e^{-\pi}} e^{-\pi s} \quad (s \geq 1) \tag{33}$$

が得られ，よって

$$0 < \vartheta(s) - 1 = O\bigl(e^{-\pi s}\bigr), \qquad s \to \infty.$$

また s が複素数のとき $|e^{-\pi n^2 s}| = e^{-\pi n^2 \operatorname{Re} s}$ ゆえ，(32) は右半平面 $\{\operatorname{Re} s > 0\}$ でも同様に絶対収束し，正則な関数をあらわす.

定理 9 $\operatorname{Re} s > 1$ に対して次式が成り立つ：

$$\pi^{-\frac{s}{2}}\Gamma\left(\frac{s}{2}\right)\zeta(s) = \frac{1}{2}\int_0^\infty t^{\frac{s}{2}-1}(\vartheta(t) - 1)\,dt. \tag{34}$$

(証明) ガンマ関数 $\Gamma(s) = \int_0^\infty t^{s-1}e^{-t}\,dt \ (\operatorname{Re} s > 0)$ において $t = nx$ とおくと

$$\Gamma(s)\frac{1}{n^s} = \int_0^\infty x^{s-1}e^{-nx}\,dx.$$

先ず $\operatorname{Re} s > 2$ としてこの式で s の代わりに $s/2$ とし，また $x = n\pi t$ とすると

$$\Gamma\left(\frac{s}{2}\right)\frac{1}{n^s} = \pi^{\frac{s}{2}}\int_0^\infty t^{\frac{s}{2}-1}e^{-\pi n^2 t}\,dt$$

を得る．この式を n について 1 から ∞ まで加えるとき，和と積分の順序をいれかえることができて

$$\Gamma\left(\frac{s}{2}\right)\zeta(s) = \pi^{\frac{s}{2}}\int_0^\infty t^{\frac{s}{2}-1}\sum_{n=1}^{\infty} e^{-\pi n^2 t}\,dt.$$

この式は $\operatorname{Re} s > 1$ のときも両辺それぞれがそこで正則であるので，解析接続により (34) は正しいことがわかる．　　　　　□

[**注意**]　一般に区間 $(0, \infty)$ で定義された関数 $f(x)$ に対して $x^{s-1}|f(x)|$ が可積分であるとき

$$g(s) = \int_0^\infty x^{s-1} f(x)\, dx$$

を $f(x)$ の**メリン変換**という．例えば e^{-x} のメリン変換は $\Gamma(s)$ $(s > 0)$ である．また，本節の定理 1 及び定理 9 は $(e^x - 1)^{-1}$ と $\vartheta(x) - 1$ のメリン変換がそれぞれ $\Gamma(s)\zeta(s)$ $(\mathrm{Re}\, s > 1)$ と $2\pi^{-s}\Gamma(s)\zeta(2s)$ $(\mathrm{Re}\, s > 1/2)$ であることを示している．

定理 10　$x > 0$ に対して次式が成り立つ：

$$\vartheta(x) = \frac{1}{\sqrt{x}}\, \vartheta\!\left(\frac{1}{x}\right). \tag{35}$$

（証明）　これはポアッソンの和公式を用いても証明されるが，ここでは直接計算する．$x > 0$ を固定し，周期 1 の t の関数

$$f(t) = \sum_{m=-\infty}^{\infty} e^{-\pi(m+t)^2 x}$$

を考えて $[0, 1]$ 上の直交系 $\{e^{2\pi int}\}$ でフーリエ展開する．すなわち

$$c_n = \int_0^1 f(t) e^{-2\pi int}\, dt = \int_0^1 \sum_{m=-\infty}^{\infty} e^{-\pi(m+t)^2 x - 2\pi int}\, dt$$

に対し

$$f(t) = \sum_{n=-\infty}^{\infty} c_n e^{2\pi int}$$

と表す．c_n の計算では積分と和の順序をいれかえることができて，

メリン (Robert Hjalmar Mellin)：1854–1933

$$c_n = \sum_{m=-\infty}^{\infty} \int_0^1 e^{-\pi(m+t)^2 x - 2\pi i n(m+t)}\, dt$$

$$= \sum_{m=-\infty}^{\infty} \int_m^{m+1} e^{-\pi \tau^2 x - 2\pi i n \tau}\, d\tau$$

$$= \int_{-\infty}^{\infty} e^{-\pi x \tau^2 - 2\pi i n \tau}\, d\tau$$

$$= \frac{1}{\sqrt{x}} e^{\frac{-\pi n^2}{x}}.$$

最後の等式は，一般に a, b が実数，$b > 0$ のときの**ガウス積分**

$$\int_{-\infty}^{\infty} e^{-bx^2 + iax}\, dx = e^{-\frac{a^2}{4b}} \sqrt{\frac{\pi}{b}} \tag{36}$$

であることを用いた（文献 [I, 7] p. 54 等を参照）．従って

$$f(t) = \frac{1}{\sqrt{x}} \sum_{n=-\infty}^{\infty} e^{-\frac{\pi n^2}{x}} e^{2\pi i n t}$$

が得られ，$t = 0$ とおけば $\vartheta(x) = \frac{1}{\sqrt{x}} \vartheta\left(\frac{1}{x}\right)$．　　　　　□

定理 10 から直ちに

$$\lim_{x \to +0} \sqrt{x}\, (\vartheta(x) - 1) = \lim_{x \to +0} \vartheta\left(\frac{1}{x}\right) = 1 \tag{37}$$

あるいは

$$\vartheta(x) - 1 \sim x^{-\frac{1}{2}} \qquad (x \to +0)$$

を得る．

最後に定理 9 及び定理 10 を使って次の**リーマンの表示**を導こう．

定理 11　$|s| < \infty$ に対して

$$\pi^{-\frac{s}{2}} \Gamma\left(\frac{s}{2}\right) \zeta(s) = \frac{1}{s(s-1)} + \int_1^{\infty} \frac{x^{\frac{s}{2}} + x^{\frac{1-s}{2}}}{2x} (\vartheta(x) - 1)\, dx. \tag{38}$$

（証明）　先ず $\operatorname{Re} s > 1$ として定理 9 (34) の右辺の積分を 0 から 1 と，1 から ∞ にわけたものをそれぞれ I_1, I_2 とする．I_1 には (35) を利用すると

$$I_1 = \frac{1}{2} \int_0^1 t^{\frac{s}{2}-1} \left(\frac{1}{\sqrt{t}} \vartheta\left(\frac{1}{t}\right) - 1 \right) dt$$
$$= \frac{1}{2} \int_0^1 t^{\frac{s}{2}-1} \left(-1 + t^{-\frac{1}{2}} + t^{-\frac{1}{2}} \left(\vartheta\left(t^{-1}\right) - 1 \right) \right) dt.$$

ここで $t^{-1} = x$ とおくと

$$I_1 = \frac{-1}{s} + \frac{1}{s-1} + \frac{1}{2} \int_1^\infty x^{-\frac{s}{2}-\frac{1}{2}} \left(\vartheta(x) - 1 \right) dx$$
$$= \frac{1}{s(s-1)} + \int_1^\infty \frac{x^{\frac{1-s}{2}}}{2x} \left(\vartheta(x) - 1 \right) dx.$$

また

$$I_2 = \frac{1}{2} \int_1^\infty \frac{x^{\frac{s}{2}}}{x} \left(\vartheta(x) - 1 \right) dx.$$

従って $\mathrm{Re}\, s > 1$ のとき (38) が示された．ところで (38) の右辺の積分は s に関して $|s| < \infty$ で正則であり，ガンマ関数 Γ は全平面上の有理型関数に解析接続されているので，(38) は ζ 関数の $\mathrm{Re}\, s > 1$ から全平面への解析（有理型）接続をあたえる表示式である．しかしすでに ζ 関数の解析接続を知っているとすれば，(38) は $|s| < \infty$ で正しいといえる．　　　　□

[注意]　(38) の右辺は s の代わりに $1-s$ としても不変であるから再び関数等式（定理5）を得る：

$$\pi^{-\frac{s}{2}} \Gamma\left(\frac{s}{2}\right) \zeta(s) = \pi^{-\frac{1-s}{2}} \Gamma\left(\frac{1-s}{2}\right) \zeta(1-s).$$

第4章

付　　　録

4.1　リーマン・マンゴルトの定理の証明 [1]

　複素 s–平面上で，$T > 1$ に対して長方形 $\{s \mid 0 < \operatorname{Re} s < 1, 0 < \operatorname{Im} s \le T\}$ に含まれる $\zeta(s)$ の重複度を込めた零点の個数を $N(T)$ とする．また 4 点 $2 \pm iT$，$-1 \pm iT$ を頂点とする長方形（の周）を C_T とし，その向きは正の方向とする．その際，実軸と平行な直線 $\operatorname{Im} s = T$ 上には $\zeta(s)$ の零点はないとする．$\zeta(s)$ の非自明の零点は整関数 $\xi(s)$ の零点と一致し，またその零点は実軸に対称であるから，ルーシェの定理（偏角の原理）により

$$N(T) = \frac{1}{4\pi} \operatorname{Im} \int_{C_T} \frac{\xi'(s)}{\xi(s)} \, ds. \tag{1}$$

　さて直線 $\operatorname{Re} s = 1/2$ の右側にある C_T の部分を C_T^1 とすると ξ'/ξ の C_T^1 上の積分と $C_T - C_T^1$ 上の積分は等しい．実際，$\xi(s)$ は $\xi(s) = \xi(1-s)$ ゆえ，$t = 1 - s$ とすると

$$\xi(s) = \xi(t), \qquad \xi'(s) \, ds = \xi'(t) \, dt$$

で，s が $C_T - C_T^1$ を動くとき t は C_T^1 を動く．さらに C_T^1 の実軸の上側を $C_T^{1,T}$ とすると，$\xi(s) = \overline{\xi(\overline{s})}$ ゆえ $\overline{s} = t$ とすると

$$\frac{\xi'(s)}{\xi(s)} \, ds = \overline{\frac{\xi'(t)}{\xi(t)}} \, \overline{dt}$$

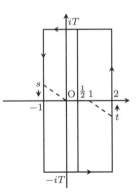

ルーシェ (Eugène Rouché)：1832–1910
[1] 4.1 節は文献 [I, 5] に倣った．

で s と t の方向は逆になるから $\int_{C_T^1 - C_T^{1,T}} = -\overline{\int_{C_T^{1,T}}}$, よって

$$\operatorname{Im} \int_{C_T^1} \frac{\xi'(s)}{\xi(s)}\, ds = 2 \operatorname{Im} \int_{C_T^{1,T}} \frac{\xi'(s)}{\xi(s)}\, ds.$$

以上から

$$N(T) = \frac{1}{\pi} \operatorname{Im} \int_{C_T^{1,T}} \frac{\xi'(s)}{\xi(s)}\, ds = \frac{1}{\pi} \operatorname{Im} \big[\log \xi(s) \big]_{s=2}^{\frac{1}{2}+iT}. \tag{2}$$

ここで

$$S(T) = \frac{1}{\pi} \operatorname{Im} \int_{C_T^{1,T}} \frac{\zeta'(s)}{\zeta(s)}\, ds \tag{3}$$

とし，$N(T) = N_1(T) + S(T)$ とおいて先ず $N_1(T)$ を評価する.

$$N_1(T) = \frac{1}{\pi} \operatorname{Im} \big[\log \xi(s) - \log \zeta(s) \big]_{s=2}^{\frac{1}{2}+iT}$$

であり，また対数の分枝を適切にとると

$$\log \xi(s) = \log \frac{1}{2} + \log s + \log \Gamma\left(\frac{s}{2}\right) + \log (s-1) - \frac{s}{2} \log \pi + \log \zeta(s)$$

ゆえ，

$$\begin{aligned}
N_1(T) = {}& \frac{1}{\pi} \left\{ \arg\left(\frac{1}{2} + iT\right) + \arg\left(-\frac{1}{2} + iT\right) - \frac{T}{2} \log \pi \right\} \\
& + \frac{1}{\pi} \operatorname{Im} \log \Gamma\left(\frac{1}{4} + i\frac{T}{2}\right).
\end{aligned}$$

この中括弧の中の偏角の和は $\arg(-(1/4 + T^2)) = \pi$ ゆえ，

$$N_1(T) \text{ の第 1 項} = 1 - \frac{T}{2\pi} \log \pi.$$

次に第2項はスターリングの定理（2.4節の定理7）により容易に

$$N_1(T) \text{ の第 2 項} = \frac{T}{2\pi} \log \frac{T}{2} - \frac{T}{2\pi} - \frac{1}{8} + O\left(\frac{1}{T}\right)$$

となるから

$$N_1(T) = \frac{T}{2\pi} \left(\log \frac{T}{2\pi} - 1 \right) + \frac{7}{8} + O\left(\frac{1}{T}\right). \tag{4}$$

次に (2) の $S(T)$ が $T \to \infty$ のとき $O(\log T)$ であることを示せば，この定理の証明は完結する．そのために若干の補題を用意する.

補題 1　$\operatorname{Re} s \geq 2$ ならば

$$\left|\frac{\zeta'(s)}{\zeta(s)}\right| \leq \left|\frac{\zeta'(2)}{\zeta(2)}\right| = O(1) \tag{5}$$

である.

（証明）　実際, 3.3 節 (21) より $\sigma = \operatorname{Re} s \geq 2$ では

$$\left|\frac{\zeta'(s)}{\zeta(s)}\right| \leq \sum_n \frac{\Lambda(n)}{n^\sigma} \leq \sum_n \frac{\Lambda(n)}{n^2} = \left|\frac{\zeta'(2)}{\zeta(2)}\right|.$$

そして $\Lambda(n) \leq \log n$ ゆえ

$$\sum_n \frac{\Lambda(n)}{n^2} \leq \sum_n \frac{1}{n^{2-\varepsilon}} = O(1), \qquad 0 < \varepsilon < 1.$$

$\square$

補題 2　$\zeta(s)$ の非自明の零点 ρ $(\operatorname{Im} \rho > 0,\ 0 < \operatorname{Re} \rho < 1)$ に対して $T > 0$ が十分大ならば

$$\sum_\rho \frac{1}{4 + (T - \operatorname{Im} \rho)^2} = O(\log T). \tag{6}$$

（証明）　$|\arg \rho| < \pi/2$ ゆえ $\operatorname{Re}(1/\rho) > 0$ であることに注意する. 次に $s_T = 2 + iT$ とおくとき

$$\operatorname{Re} \frac{1}{s_T - \rho} > \frac{1}{4 + (T - \operatorname{Im} \rho)^2}$$

ゆえ

$$\sum_\rho \frac{1}{4 + (T - \operatorname{Im} \rho)^2} < \operatorname{Re} \sum_\rho \left(\frac{1}{s_T - \rho} + \frac{1}{\rho}\right). \tag{7}$$

ところで $A = \log 2\pi - 1 - \gamma/2$ とおいて 3.4 節の (24) を書き直した式

$$\frac{\zeta'(s)}{\zeta(s)} = A - \frac{1}{s-1} - \frac{1}{2}\frac{\Gamma'\left(\frac{s}{2}+1\right)}{\Gamma\left(\frac{s}{2}+1\right)} + \sum_\rho \left(\frac{1}{s-\rho} + \frac{1}{\rho}\right) \tag{8}$$

において $\Gamma'(s/2+1)/\Gamma(s/2+1)$ は 2.4 節の (36) を微分すればわかるように $s = s_T$ では $O(\log T)$. よって (8) で $s = s_T$ のとき (5), (7) により

$$\sum_\rho \frac{1}{4 + (T - \operatorname{Im}\rho)^2} \leq \left| \sum_\rho \left[\frac{1}{s_T - \rho} + \frac{1}{\rho} \right] \right| = O(\log T). \tag{9}$$

□

次に $|T - \operatorname{Im}\rho| < 1$ を満たす零点 ρ の重複度を込めた個数を $n_1(T)$ と書き $|T - \operatorname{Im}\rho| < 1$ にある ρ に関する和を $\sum_\rho^{(1)}$ と表すと

$$\sum_\rho^{(1)} \frac{1}{4 + (T - \operatorname{Im}\rho)^2} > \frac{n_1(T)}{5}.$$

この式と (8) より次を得る.

補題 2 の系

$$n_1(T) < C \log T \qquad (C > 0 \text{ は定数}). \tag{10}$$

補題 3 $T = \operatorname{Im} s$ とするとき,次式が成り立つ;

$$\frac{\zeta'(s)}{\zeta(s)} = \sum_\rho^{(1)} \frac{1}{s - \rho} + O(\log T). \tag{11}$$

(証明)

$$\frac{\zeta'(s)}{\zeta(s)} = \int_{s_T}^s \left(\frac{\zeta'(t)}{\zeta(t)} \right)' dt + \frac{\zeta'(s_T)}{\zeta(s_T)}, \quad T = \sigma + iT, \quad \frac{1}{2} \leq \sigma \leq 2. \tag{12}$$

このとき (5) より $\zeta'(s_T)/\zeta(s_T) = O(1)$. 次に $(\zeta'/\zeta)'$ は (8) を微分して

$$-\left(\frac{\zeta'(t)}{\zeta(t)} \right)' = \frac{-1}{(t-1)^2} + \frac{1}{2} \left(\frac{\Gamma'\left(\frac{t}{2}+1\right)}{\Gamma\left(\frac{t}{2}+1\right)} \right)' + \sum_\rho \frac{1}{(t-\rho)^2}. \tag{13}$$

この右辺の第 2 項は 2.4 節の (36) を 2 回微分すると,容易に,t について一様に $O(\log T)$ であることがわかる.第 3 項は $|T - \operatorname{Im}\rho| < 1$ である ρ に関する和 $\sum^{(1)}$ (有限和) と,$|T - \operatorname{Im}\rho| \geq 1$ である ρ に関する和 $\sum^{(2)}$ に分けたとき

$$\left| \sum_\rho^{(2)} \frac{1}{(t-\rho)^2} \right| \leq \sum_\rho^{(2)} \frac{1}{(T - \operatorname{Im}\rho)^2}$$

$$< \sum_\rho^{(2)} \frac{5}{4 + (T - \operatorname{Im}\rho)^2}$$

$$\leq 5\sum_\rho \frac{1}{4 + (T - \operatorname{Im}\rho)^2}$$

$$= O(\log T).$$

従って (13) を (12) に代入して項別積分すれば (11) を得る．このとき $\sum_\rho^{(1)} 1/|s_T - \rho| < n_1(T) = O(\log T)$ に注意する．　　□

以上の結果を用いて $S(T)$ を評価する．

$$S(T) = \frac{1}{\pi} \operatorname{Im} \int_{C_T^{1,T}} \frac{\zeta'(s)}{\zeta(s)} \, ds = \frac{1}{\pi} \operatorname{Im} \left\{ \int_2^{2+iT} + \int_{2+iT}^{\frac{1}{2}+iT} \right\}.$$

第 1 項の積分は $\log\zeta(2 + iT) - \log\zeta(2)$ で，3.3 節の (20) から $|\log\zeta(2 + iT)| \leq \log\zeta(2)$ ゆえ第 1 項は $O(1)$．次に第 2 項は (11) より

$$\operatorname{Im} \int_{2+iT}^{\frac{1}{2}+iT} \frac{\zeta'(s)}{\zeta(s)} \, ds = \sum_\rho^{(1)} \left[\arg(s - \rho) \right]_{2+iT}^{\frac{1}{2}+iT} + O(\log T)$$

であり，各 $\arg(s - \rho)$ の変動は $\leq \pi$ （T のとり方の仮定から $\operatorname{Im} s = T$ 上には ρ はない．）であり，かつ $\sum_\rho^{(1)}$ の項数 $n_1(T) < C \log T$, ゆえに

$$S(T) = O(\log T). \tag{14}$$

従って (4) と (14) によってリーマン・マンゴルトの定理が証明された．

4.2　整関数の位数と零点

整関数（全平面で正則な関数）$f(z)$ に対してある正数 a があって，$r = |z| \to \infty$ のとき $|f(z)| < Ce^{r^a}$ ならば $f(z)$ の位数は有限であるといい，このときこのような a の下限 λ を整関数 $f(z)$ の**位数 (order)** という．位数はまた次式で定義しても同じである：

$$\lambda = \varlimsup_{r \to \infty} \frac{\log\log M(r)}{\log r}, \qquad M(r) = \max_{|z|=r} |f(z)|.$$

リウビルの定理により，$f(z)$ が定数でない限り $M(r) \to \infty$ である．

例 多項式の位数は 0．e^z, $\sin z$, $\cos z$ の位数は 1．k が正の整数のとき e^{z^k} の位数は k．$\cos \sqrt{z}$ の位数は $1/2$ である．

次に整関数 $f(z)$ の位数 λ と，円板 $\{|z| \leq r\}$ に含まれる f の零点の（重複度を込めた）個数 $n(r)\ (= n(r; f))$ との関係をしらべる．先ず次の公式を既知としよう：

定理1（ポアッソン–イェンセンの公式） $f(z)$ は $|z| \leq R$ で正則とし，$|z| = R$ 上では $f \neq 0$ とする．$|z| < R$ に含まれる f の零点を $\{a_m\}$ とする（但し重複するときは重複度だけ並べる）とき，$\zeta = Re^{i\varphi}\ (0 \leq \varphi \leq 2\pi)$ とすると，

$$\log|f(z)| = \frac{1}{2\pi} \int_0^{2\pi} \log|f(\zeta)| \operatorname{Re} \frac{\zeta+z}{\zeta-z}\, d\varphi + \sum_m \log \left| \frac{R(z-a_m)}{R^2 - \bar{a}_m z} \right|, \quad (15)$$

但し $|z| < R$．特に $f(0) \neq 0$ ならば

$$\log|f(0)| = \frac{1}{2\pi} \int_0^{2\pi} \log|f(Re^{i\varphi})|\, d\varphi + \sum_m \log \frac{|a_m|}{R}. \quad (16)$$

$f(0) = 0$ のとき，$z = 0$ が k 位の零点で $f(z) = cz^k + \cdots\ (c \neq 0)$ ならば，$f(z)/z^k$ に (16) を適用して (16) の左辺を $k \log R + \log|c|$ として成立する．すなわち (16) の左辺を c_R

$$c_R = \begin{cases} \log|f(0)| & (f(0) \neq 0 \text{ のとき}) \\ k \log R + \log|c| & (x = 0 \text{ が } f(z) \text{ の } k \text{ 位の零点のとき}) \end{cases}$$

とすれば (16) はつねに成立する．

さて (16) の右辺の第 2 項の各項は負であることに注意し，$R = 2r$ とすると

$$c_{2r} + \sum_{m=1}^{n(r)} \log \frac{2r}{|a_m|} \leq \log M(2r),$$

リウビル (Joseph Liouville)：1809–1882，ポアッソン (Siméon Denis Poisson)：1781–1840，イェンセン (Johann Ludwing Wilhelm Jensen)：1895–1925

$$n(r) \log 2 \leq \log M(2r) - c_{2r}. \tag{17}$$

ここで $n(r)$ は $|z| \leq r$ に含まれる f の零点の重複度を込めた個数である．このとき次の命題を得る．

命題1 $f(z)$ が位数 $\lambda\ (>0)$ の整関数ならば

$$n(r) \leq Ar^{\lambda+\varepsilon}, \qquad (\varepsilon > 0,\ A \text{は定数}) \tag{18}$$

である．さらに $h = [\lambda]$（λ を越えない最大の整数）とすれば，f の（絶対値の小さいものから順に並べた）零点 $\{a_m\}$（すなわち $|a_1| \leq |a_2| \leq \cdots$）に対して

$$\sum_{m=1}^{\infty} \frac{1}{|a_m|^{h+1}} < \infty. \tag{19}$$

但し原点が f の零点のときは，(18) の和から原点に対応する a_m を除いておく．

実際，(18) は (17) から直ちに得られる．(19) については $\lambda < h+1$ ゆえ $\varepsilon > 0$ を $\lambda + \varepsilon < h+1$ なるようにとれば (18) より

$$m \leq n(|a_m|) \leq A|a_m|^{\lambda+\varepsilon}$$

であり，ここで $s = (h+1)/(\lambda+\varepsilon)\ (>1)$ とすると

$$\sum_{m=1}^{\infty} \frac{1}{|a_m|^{h+1}} \leq A^s \sum_{m=1}^{\infty} \frac{1}{m^s} < \infty.$$

さて一般に，正整数 h に対して級数 (19) が収束するような点列 $\{a_m\}$ に対してはワイエルシュトラスの因数分解 (factorization) 定理から，標準無限積

$$P(z) = \prod_{m=1}^{\infty} \left(1 - \frac{z}{a_m}\right) \exp\left[\frac{z}{a_m} + \frac{1}{2}\left(\frac{z}{a_m}\right)^2 + \cdots + \frac{1}{h}\left(\frac{z}{a_m}\right)^h\right] \tag{20}$$

は全平面で広義一様収束して整関数を表し，$P(z)$ の零点はちょうど $\{a_m\}$ である．従って特に原点 $z = 0$ を含まない $\{a_m\}$（すなわち $a_m \neq 0$）が位数 λ の整関数 f の零点ならば

$$f(z) = z^k e^{g(z)} P(z) \tag{21}$$

という形に書ける．但し $k \geq 0$ は f の原点における零点の位数，$g(z)$ はある整関数であり，$P(z)$ は (20) の無限積で $h = [\lambda]$ である（従って零点をもたない整関数 $f(z)/(z^k P(z))$ は $e^{g(z)}$ の形に書けることに注意）．このときさらに次の定理がなりたつ；

定理2（アダマールの因数分解定理） $f(z)$ が位数 λ の整関数ならば，因数分解 (21) の $g(z)$ は高々 $h = [\lambda]$ 次の多項式である．

(証明) $k > 0$ のときは $f(z)$ の代わりに $f(z)/z^k$ を考えればよいから最初から $k = 0$ としてよい．このとき $g(z)$ の $(h + 1)$ 階導関数について $g^{(h+1)}(z) = 0$ を示せばよい．

さて $\log f(z) = g(z) + \log P(z)$ を $h + 1$ 回微分すると

$$\frac{d^h}{dz^h}\left(\frac{f'(z)}{f(z)}\right) = g^{(h+1)}(z) - (h!)\sum_m \frac{1}{(a_m - z)^{h+1}}. \tag{22}$$

ここで左辺と，右辺の第2項が実は等しいことを示す．そのために (15) の両辺の複素微分 $\frac{\partial}{\partial z}$（次節参照）をとり，さらに z について h 回微分すると

$$\frac{d^h}{dz^h}\left(\frac{f'(z)}{f(z)}\right) = -(h!)\sum_m \frac{1}{(a_m - z)^{h+1}} + (h!)\sum_m \frac{(\overline{a}_m)^{h+1}}{(R^2 - \overline{a}_m z)^{h+1}}$$
$$+ (h+1)!\frac{1}{2\pi}\int_0^{2\pi} \frac{2Re^{i\varphi}}{(Re^{i\varphi} - z)^{h+2}} \log|f(Re^{i\varphi})|\,d\varphi,$$

但し $\sum_m$ は $|z| < R$ に含まれる f の全ての零点 a_m にわたる和である．この右辺の第2項および第3項をそれぞれ I_2, I_3 とし，これが $R \to \infty$ のとき 0 に収束することを示せば証明は完了する．さて z は任意に固定すると，$R > 2|z|$ なる R に対して $|a_m| < R$ ゆえ I_2 の各項の絶対値は $(h!)(2/R)^{h+1}$ 以下となる．よって (18) を用いて

$$|I_2| \leq n(R)(h!)\left(\frac{2}{R}\right)^{h+1} \leq (h!)2^{h+1}A\frac{R^{\lambda+\varepsilon}}{R^{h+1}}$$

アダマール (Jacques Salomon Hadamard)：1865–1963

となり, $\lambda + \varepsilon < h + 1$ なる $\varepsilon > 0$ がとれるから, $R \to \infty$ のとき $I_2 \to 0$. 同様に $R > 2|z|$ なる R に対して

$$|I_3| \leq \frac{(h+1)! \, 2^{h+3}}{R^{h+1}} \log M(R) \leq (h+1)! \, 2^{h+3} \frac{R^{\lambda+\varepsilon}}{R^{h+1}}$$

となり, $R \to \infty$ のとき $I_3 \to 0$. $\qquad\square$

4.3 複素微分演算子

$f(x, y)$ は実または複素数値関数で適当な開集合において微分可能とするとき, $\frac{\partial f}{\partial z}$, $\frac{\partial f}{\partial \bar{z}}$ を次のように定義する:

$$\frac{\partial f}{\partial z} = \frac{1}{2}\left(\frac{\partial f}{\partial x} - i\frac{\partial f}{\partial y}\right), \qquad \frac{\partial f}{\partial \bar{z}} = \frac{1}{2}\left(\frac{\partial f}{\partial x} + i\frac{\partial f}{\partial y}\right).$$

$\frac{\partial f}{\partial z}$, $\frac{\partial f}{\partial \bar{z}}$ をそれぞれ f_z, $f_{\bar{z}}$ とも書く. このとき以下のような式が成り立つ.

(i) $\overline{(f_z)} = (\bar{f})_{\bar{z}}, \quad f_{z\bar{z}} = (f_z)_{\bar{z}} = \frac{1}{4}\Delta f.$ (23)

但し $\bar{f}$ は f の複素共役であり, Δ は x, y に関するラプラシアンを表す.

(ii) $f = f(z) = f(x, y) = u(x, y) + iv(x, y)$ と $g = g(w) = g(u, v)$ $(w = u + iv)$ との合成関数 $g \circ f$ 及び f と $z = z(t) = x(t) + iy(t)$ との合成関数に対して,

$$(g \circ f)_z = g_w f_z + g_{\bar{w}} \bar{f}_z, \quad (g \circ f)_{\bar{z}} = g_w f_{\bar{z}} + g_{\bar{w}} \bar{f}_{\bar{z}},$$
$$\frac{d}{dt}(f \circ z(t)) = f_z \frac{dz}{dt} + f_{\bar{z}} \frac{d\bar{z}}{dt}.$$

また写像 $f\colon z(x, y) \to w(u, v)$ のヤコビアン J_f は

$$J_f = |f_z|^2 - |f_{\bar{z}}|^2$$ (24)

である.

(iii) $f(z)$ が正則関数のときコーシー・リーマンの関係は $f_{\bar{z}} = 0$ と同値であり,

$$f_z = \frac{df}{dz} \quad (= f'(z)),$$ (25)

$$(\mathrm{Re}\,f)_z = \frac{1}{2}f', \ (\mathrm{Re}\,f)_{\bar{z}} = \frac{1}{2}\overline{f'} : \quad (\mathrm{Im}\,f)_z = \frac{-i}{2}f', \ (\mathrm{Im}\,f)_{\bar{z}} = \frac{i}{2}\overline{f'}. \quad (26)$$

これらのことから，$f(z) \neq 0$ のとき

$$\frac{\partial}{\partial z}\log|f(z)| = (\log|f(z)|)_z = \frac{1}{2}\frac{f'(z)}{f(z)}.$$

第 II 部

調和測度とその周辺

第1章
調 和 関 数

$u = u(x, y)$ は複素 z–平面 $(z = x + iy)$ 上の領域 D で定義された実数値関数で C^2 級，すなわち 2 階偏導関数まで存在して連続な関数とし，**ラプラスの方程式**

$$\Delta u (= \Delta_z u) = u_{xx} + u_{yy} = 0 \tag{1}$$

を満たすときに，u を D 上の**調和関数 (harmonic function)** という．あるいは u は D で**調和**であるともいう．$u(x, y)$ を $u(z)$ と書くことも多い．

1.1 正則関数との関係

調和関数が正則関数と密接な関係があることは周知であろうが，便宜上，若干の復習からはじめよう．正則関数 $w = f(z) = u(z) + iv(z)$ はコーシー・リーマンの関係

$$u_x = v_y, \qquad u_y = -v_x$$

を満たす．正則関数 f はその定義領域の各点（の近傍）で冪級数に展開されるからもちろん C^∞ 級であり，従って u, v もそうである．従ってこの関係式を x, y で偏微分することにより

$$\Delta u = 0, \qquad \Delta v = 0,$$

すなわち "正則関数 f の実部 $u = \mathrm{Re}\, f$，及び虚部 $v = \mathrm{Im}\, f$ はともに調和関数である" ことが容易にわかる．

ラプラス (Pierre Simon Laplace)：1749–1827，コーシー (Augustin Louis Cauchy)：1789–1857

例えば対数関数の分枝を1価になるように予め定めておくと，$f(z)$ が D で正則ならば f の零点をのぞいて $\log f(z) = \log |f(z)| + i \arg f(z)$ は正則であるから

$$\log |f(z)|, \qquad \arg f(z)$$

はともに調和である．

例1 $\log r$（但し $r = (x^2 + y^2)^{1/2}$）は $r \neq 0$ で調和である．実際，$z = x + iy$ とすると $\log r = \log |z|$ ゆえ調和である．これは（原点に対する）**対数ポテンシャル**とよばれる．

例2 $R > 0, 0 < \varphi \leq 2\pi$ のとき，$z = re^{i\theta}$ について

$$u(z) = \frac{R^2 - r^2}{R^2 - 2Rr\cos(\varphi - \theta) + r^2}$$

は $|z| < R$ 及び $|z| > R$ で調和である．実際，$\zeta = Re^{i\varphi}$ とすると

$$u(z) = \frac{|\zeta|^2 - |z|^2}{|\zeta - z|^2} = \operatorname{Re}\frac{\zeta + z}{\zeta - z} \tag{2}$$

であり，$(\zeta + z)/(\zeta - z)$ が $|z| < R$ 及び $|z| > R$ で正則であることから直ちにわかる．

次に $z = re^{i\theta}, \zeta = Re^{i\varphi}$ に対して

$$P(\zeta, z) = \frac{1}{2\pi}\frac{R^2 - r^2}{R^2 - 2Rr\cos(\varphi - \theta) + r^2} \tag{3}$$

を**ポアッソン核**という．(2) より $|z| < R$ ならば $P(\zeta, z) > 0$ であり，

$$\int_0^{2\pi} P(\zeta, z)\, d\varphi = 1 \tag{4}$$

である．なお (4) は直接計算，あるいは次のように留数定理を用いてもわかる：

$$\int_0^{2\pi} P(\zeta, z)\, d\varphi = \operatorname{Re}\left(\frac{1}{2\pi i}\int_{|\zeta|=R} \frac{\zeta + z}{\zeta - z}\frac{d\zeta}{\zeta}\right) = 1.$$

定理1　領域 D は有限個の互いに素な（すなわち互いに共通点をもたない）ジョルダン曲線（単純閉曲線）で囲まれた有界な領域とし，$u(z)$ は D で調和とする．このとき

$$u(z) = \mathrm{Re}\, f(z)$$

となる D で正則な関数 $f(z)$ が存在し，定数（純虚数）を除いて一意的である．特に D が単連結ならば $f(z)$ は一価である．

（証明）　D の1点 z_0 を固定し z_0 から D の任意の点 z にいたる（区分的に滑らかな）曲線 $C\,(\subset D)$ をとり，C に沿う線積分

$$v(z) = \int_C^z -u_y\, dx + u_x\, dy \tag{5}$$

を考える．この積分の値は z_0 から z に向かう曲線 C のとり方によらず，ある周期（定数）を除いて，一意的にきまる．この証明は要点のみを記しておく．

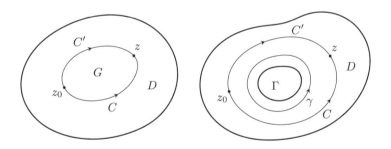

　　例えば図のように C と C' が1つの単連結領域 $G \subset D$ を囲む場合，C' の向きを逆にしたものを $-C'$ と書くとき，ガウスの発散公式により

$$\int_C^z - \int_{C'}^z = \int_{C-C'} -u_y\, dx + u_x\, dy$$

ジョルダン (Camille Jordan)：1838–1922

$$= \iint_G (u_{xx} + u_{yy})\, dx\, dy$$
$$= 0.$$

よって $\int_C^z = \int_{C'}^z$ である. 次に上の領域 G が D に含まれない場合, 例えば領域 G が D の1つの境界 Γ を含むとき, 図のような D 内曲線 γ (Γ にホモローグ) をとると $\int_{C-C'} = \int_\gamma$ となり C と C' に沿う積分[1] は

$$\int_\gamma dv = \int_\gamma -u_y\, dx + u_x\, dy \tag{6}$$

だけ異なる. (6) を v の γ に沿う (あるいは Γ の周りの) **周期**という. 一般に領域 D が $m+1$ 個の境界成分をもつときは m 個の周期があり, その整数を係数とする一次結合を除いて $v(z)$ は定まる. そして $f(z) = u(z) + iv(z)$ とおけば $f(z)$ が正則であることは, (5) の不定積分を x, y で偏微分すると, $v_x = -u_y,\ v_y = u_x$ (コーシー・リーマンの関係) を満たすことからわかり, $u(z) = \operatorname{Re} f(z)$ が示された.

もし $\operatorname{Re} g(z) = u(z)$ となる他の正則関数 $g(z)$ が存在すれば, 正則関数 $f - g$ の実部が 0 ゆえコーシー・リーマンの関係から $f - g$ の虚部は定数 c となり $f = g + ic$. なお, D が単連結のときは f は D で一価である (一価性の定理). □

$f(z) = u(z) + iv(z)$ が正則であるとき $v(z)$ を $u(z)$ の**共役 (conjugate)** な調和関数といい, 以下では $u^*(z)$ と書くことが多い. $v(z)$ の共役調和関数を考えると, $v^*(z) = -u(z)$ ゆえ $(u^*)^* = -u$. また調和微分 $du = u_x\, dx + u_y\, dy$ に対して dv を du の**共役微分**という. (6) の通り

$$dv = du^* = -u_y\, dx + u_x\, dy$$

である.

次に複素 w–平面上の調和関数 $U(w)$ に対して, $w = f(z) = u(z) + iv(z)$ が z の正則関数のとき, 合成関数 $U \circ f(z)\ (= U(u(x,y), v(x,y)))$ は z–平面

---

[1] (6) から定まる dv については後述の共役微分も参照のこと.

上の調和関数である. 実際, 一般に U が C^2 級ならば

$$\Delta_z(U \circ f(z)) = |f'(z)|^2 \Delta_w U(w) \tag{7}$$

であることからわかる.

[注意] (7) の計算は第 I 部 4.3 節の複素微分 (23) を使うと, 一般に

$$\Delta g(z) = 4g_{z\bar{z}}$$

が成立するので容易に確かめられる. ここで述べたことから調和性は等角写像 (1 対 1 かつ正則, 従って $f' \neq 0$) によって不変であるから, 調和関数は等角構造をもつリーマン面上でも定義され有用な働きをする.

1.2　基本的な性質

定理 2 (ガウスの平均値定理)　$u(z)$ が a を中心, 半径 R の円板 $|z - a| < R$ で調和ならば, 任意の $r \, (0 < r < R)$ に対して

$$u(a) = \frac{1}{2\pi} \int_0^{2\pi} u(a + re^{i\theta}) \, d\theta. \tag{8}$$

(証明)　円板 $|z - a| < R$ において $u(z)$ を実部にもつ正則関数 $f(z)$ をとると (定理 1), コーシーの積分公式から

$$f(a) = \frac{1}{2\pi i} \int_{|z-a|=r} \frac{f(z)}{z - a} \, dz = \frac{1}{2\pi} \int_0^{2\pi} f(a + re^{i\theta}) \, d\theta$$

が成り立つ. この両辺の実部をとれば (8) を得る.　　　　　　　□

[注意] (8) はグリーンの公式[2] からも導かれる. また, 定理 2 の逆 "$u(z)$ が領域 D で連続でかつ D の各点の近傍で平均値の性質 (8) が成立すれば u は調和である" ことが知られている. すなわち (8) は調和関数を特徴づける性質である.

グリーン (George Green): 1793–1841
[2] 第 2 章 2.4 節参照のこと.

定理3（最大値の原理I） $u(z)$ は領域 D 上の定数でない調和関数とし，その上限 $M = \sup_{z \in D} u(z)$ が有限ならば

$$u(z) < M, \qquad z \in D. \tag{9}$$

また下限 $m = \inf_{z \in D} u(z)$ が有限ならば

$$m < u(z), \qquad z \in D. \tag{10}$$

特に $\overline{D} = D \cup C$（C は D の境界）が有界であり $u(z)$ が D で調和であって，$\overline{D}$ で連続ならば，$u(z)$ は $\overline{D}$ 上の最大値と最小値を境界 C 上でとる.

証明は省略するが，この定理は (8) を用いて示される[3]．最小値に関する (10) は，$-u$ に最大値の原理 (9) を使えばよい.

定理3の系 $u_1(z), u_2(z)$ は有界領域 D で調和であって，$\overline{D}$ で連続とする. このとき境界 C 上で $u_1(z) = u_2(z)$ ならば $u_1(z) \equiv u_2(z)$ である.

D が有界領域のとき，最大値の原理 (maximum principle) は次のような形でも使われる：

定理3′ D は有界領域とする. $u(z)$ は D で調和であり，D の境界 C の各点 ζ で

$$\varlimsup_{z \to \zeta} u(z) \leq M \ \ (< \infty)$$

とすると，$u(z) \leq M, z \in D$ である.

証明は C のコンパクト性と定理3を使えばよい. なお定理3′ は $u(z)$ の代わりに D で正則な関数 $f(z)$ の絶対値 $|f(z)|$ としても同様になりたつ.

1.3 ディリクレ問題

z–平面上の領域 D の境界 Γ 上に実数値関数 $f = f(\zeta)$ が与えられたとき，Γ 上で境界値 f をもつ D 上の調和関数を求める問題を（調和関数の）**ディリ**

---

[3] 第2章 2.5節の「最大値の原理I′」も参照のこと.

クレ問題という．この問題はΓやfが全く一般な場合には必ずしも解は存在しないが，ペロンの方法によって，ある条件のもとでの解の存在が知られている．その詳細は他の教科書にゆずり，ここでは以下の応用上十分な結果のみを記す．

定理4　有限個のジョルダン曲線で囲まれた領域をDとし，その境界をΓとする．Γ上に有界な実数値関数fが与えられ$M = \sup_{\zeta \in \Gamma} |f(\zeta)|$とするとき，次の性質をもつ$D$上の調和関数$u(z)$が存在する；

(i)　$|u(z)| \leq M$,
(ii)　fが連続である点$\zeta \in \Gamma$では，$z \in D$が$z \to \zeta$のとき$u(z) \to f(\zeta)$.

従って特にfがΓ上の連続関数ならば，$u(z)$は境界値fに対するディリクレ問題の唯1つの解である．

　Dが円板の場合は，周知のようにポアッソン核(3)を用いて次のように具体的な形の解が得られる．

定理5　円板$D = \{z \mid |z| < R\}$の境界Γ上に有界な可積分関数$f = f(Re^{i\varphi})$ $(0 \leq \varphi \leq 2\pi)$が与えられたとする．このとき

$$u(z) = \int_0^{2\pi} f(\zeta)P(\zeta, z)\,d\varphi, \qquad \zeta = Re^{i\varphi} \tag{11}$$

とすれば，uはDで調和であり，Γの点ζ_0でfが連続ならば$z \in D$が$z \to \zeta_0$のとき$u(z) \to f(\zeta_0)$である．

　(11)の右辺をfの**ポアッソン積分**という．

(証明)　$u(z)$が領域D上の調和関数であることは(2)からわかる．次に定理の後半を示すために$|f| \leq M < \infty$とし，またfは$\zeta_0 \in \Gamma$で連続とする．(4)により

$$u(z) - f(\zeta_0) = \int_0^{2\pi} (f(\zeta) - f(\zeta_0))P(\zeta, z)\,d\varphi$$

ペロン (Oskar Perron)：1880–1975

であるから, 以下の議論では $f(\zeta_0) = 0$ としてよい.

任意の $\varepsilon > 0$ に対して, ζ_0 を中心とした Γ の十分小さな部分弧 Γ_1 をとると

$$|f(\zeta)| < \frac{\varepsilon}{2}, \qquad \zeta \in \Gamma_1$$

となる. 次に $\Gamma - \Gamma_1 = \Gamma_2$ として関数 f_1, f_2 を次のように定義する:

$$f_1(\zeta) \text{ は,} \quad \zeta \in \Gamma_1 \text{ のとき} = 0, \qquad \zeta \in \Gamma_2 \text{ のとき} = f(\zeta).$$
$$f_2(\zeta) \text{ は,} \quad \zeta \in \Gamma_1 \text{ のとき} = f(\zeta), \quad \zeta \in \Gamma_2 \text{ のとき} = 0.$$

これによって $f = f_1 + f_2$ であり, ポアッソン積分を Pf と書くと $Pf = Pf_1 + Pf_2$. さて $z \in D$ に対してポアッソン核の正値性から

$$|Pf_2(z)| \leq \int_{\Gamma_1} |f(\zeta)| P(\zeta, z)\, d\varphi < \frac{\varepsilon}{2} \int_{\Gamma} P(\zeta, z)\, d\varphi = \frac{\varepsilon}{2}.$$

また $Pf_1(z) = \int_{\Gamma_2} f(\zeta) P(\zeta, z)\, d\varphi$ に対して $z \to \zeta_0$ を考える. $\zeta \in \Gamma_2$ ゆえ (2) より $P(\zeta, z) \to 0$ であるので, $\varepsilon > 0$ に対して $\delta > 0$ を十分小さくとれば $|z - \zeta_0| < \delta$ なる z に対して

$$P(\zeta, z) < \frac{\varepsilon}{4\pi M}, \qquad \zeta \in \Gamma_2.$$

よって

$$|Pf_1(z)| < M \int_{\Gamma_2} P(\zeta, z)\, d\varphi < \frac{\varepsilon}{2}.$$

従って $|z - \zeta_0| < \delta$ のとき $|Pf(z)| < \varepsilon$ となり, 結論を得る. □

定理6 $u(z)$ が $|z| < R$ で調和であって, $|z| \leq R$ で連続ならば

$$u(z) = \int_0^{2\pi} u(\zeta) P(\zeta, z)\, d\varphi, \qquad \zeta = Re^{i\varphi}, \quad |z| < R. \qquad (12)$$

実際, (12) の右辺を改めて $u_1(z)$ とおくと $u_1(z)$ は $|z| < R$ 調和であり, $u(\zeta)$ は連続ゆえ定理5により $z \to \zeta_0$ のとき $u_1(z) \to u(\zeta_0)$. 従って定理3 の系により $u_1(z) \equiv u(z)$. □

次に (12) で $z = 0$ とおけば，$P(\zeta, 0) = 1/2\pi$ ゆえ，再び平均値定理（定理 2）を得る：

定理 6 の系

$$u(0) = \frac{1}{2\pi} \int_0^{2\pi} u(Re^{i\varphi})\, d\varphi.$$

定理 7　$f(z) = u(z) + iv(z)$ が $|z| < R$ で正則で $|z| \leq R$ で連続ならば，$|z| < R$ で

$$f(z) = \frac{1}{2\pi} \int_0^{2\pi} u(\zeta)\frac{\zeta + z}{\zeta - z}\, d\varphi + iv(0), \qquad \zeta = Re^{i\varphi} \tag{13}$$

が成り立つ.

これを示すために右辺の第一項の積分を $g(z)$ とおくと $g(z)$ は $|z| < R$ で正則であり，1.1 節及び定理 5 より $\operatorname{Re} g(z) = u(z)$. すなわち正則関数 $f(z) - g(z)$ の実部が 0 ゆえ，コーシー・リーマンの関係から $f(z) - g(z) = C$（定数）となる. このとき

$$f(0) - C = g(0) = \frac{1}{2\pi} \int_0^{2\pi} u(\zeta)\, d\varphi = u(0)$$

ゆえ $C = iv(0)$.　　　　　　　　　　　　　　　　　　　　　　□

この (13) の 1 つの応用として，先ず次の定理を示しておく.

定理 8　$f(z) = u(z) + iv(z)$ は $|z| \leq R$ で正則とし，

$$A = A(R) = \max_{|z|=R} u(z) \left(= \max_{|z| \leq R} u(z) \right)$$

とするとき，$|z| = r < R$ に対して

$$|f(z) - f(0)| \leq \frac{2r}{R - r}(A - u(0)) \tag{14}$$

が成り立つ.

この証明はあとにして，(14) において $|-u(0)| \leq |f(0)|$ ゆえ

$$|f(z)| \leq \frac{2r}{R - r}(A + |f(0)|) + |f(0)|.$$

従って $M(r) = \max_{|z|=r} |f(z)|$ とすれば, $0 < r < R$ に対して

$$M(r) \leq \frac{2r}{R-r} A + \frac{R+r}{R-r} |f(0)| \tag{15}$$

を得る. これは**カラテオドリの不等式**とよばれる.

[**注意**] $f(z)$ の代わりに $-f(z)$ あるいは $\pm if(z)$ としても $M(r)$ や $|f(0)|$ は変わらないが, それに対して (15) の A は $|z| = R$ 上の

$$-\min \operatorname{Re} f(z), \qquad \max \operatorname{Im} f(z), \qquad -\min \operatorname{Im} f(z)$$

で置き換えても (15) と同様の結果が得られる.

(14) の証明[4]) $z = re^{i\theta}$ を任意に固定し, 0 と z とを結ぶ線分 ($\xi = te^{i\theta}, 0 \leq t \leq r$) を積分路にとると,

$$f(z) - f(0) = \int_0^z f'(\xi)\, d\xi.$$

さて (13) から

$$f'(\xi) = \frac{1}{2\pi} \int_0^{2\pi} u(\zeta) \frac{2\zeta}{(\zeta - \xi)^2}\, d\varphi, \qquad \zeta = Re^{i\varphi}$$

である. 一方で留数定理より

$$\int_0^{2\pi} \frac{2\zeta}{(\zeta - \xi)^2}\, d\varphi = \frac{2}{i} \int_{|\zeta|=R} \frac{d\zeta}{(\zeta - \xi)^2} = 0.$$

ゆえに上の被積分関数の $u(\zeta)$ を $u(\zeta) - A$ に代えてもその積分の値は変わらない. 一方, $A - u(\zeta) \geq 0, |\zeta - \xi| \geq |\zeta| - |\xi| = R - t > 0$ であるから

$$|f(z) - f(0)| \leq \frac{1}{2\pi} \int_0^r dt \int_0^{2\pi} (A - u(\zeta)) \frac{2R}{(R-t)^2}\, d\varphi.$$

カラテオドリ (Constantin Carathéodory)：1873–1950
[4] カラテオドリの不等式は, 通常はシュワルツの補題を用いて証明されるが, ここでは著者のアイデアによる方法を用いている. 但し, 同様のアイデアは何れかの文献にあるかも知れない.

そして平均値定理（定理2）より

$$\frac{1}{2\pi} \int_0^{2\pi} u(\zeta)\, d\varphi = u(0) \tag{16}$$

であり，

$$\int_0^r \frac{1}{(R-t)^2}\, dt = \frac{r}{R(R-r)}$$

ゆえ (14) を得る． □

　n 回導関数 $f^{(n)}(z)$ $(n \geq 1)$ の評価も，上のような証明法を用いると次のように従来の結果より改良される[5]．

定理9　定理8と同じ仮定のとき，$n \geq 1$ 対して

$$\left| f^{(n)}(z) \right| \leq \frac{2R \cdot n!}{(R-r)^{n+1}}(A - u(0)) \leq \frac{2R \cdot n!}{(R-r)^{n+1}}(A + |f(0)|). \tag{17}$$

（証明）　(13) 式の両辺を z で微分すると

$$f'(z) = \frac{1}{2\pi} \int_0^{2\pi} u(\zeta) \frac{2\zeta}{(\zeta - z)^2}\, d\varphi, \qquad \zeta = Re^{i\varphi}.$$

この両辺をさらに $(n-1)$ (≥ 0) 回 z について微分すると

$$f^{(n)}(z) = \frac{2 \cdot n!}{2\pi} \int_0^{2\pi} \frac{\zeta u(\zeta)}{(\zeta - z)^{n+1}}\, d\varphi = \frac{2 \cdot n!}{2\pi i} \int_{|\zeta|=R} \frac{u(\zeta)}{(\zeta - z)^{n+1}}\, d\zeta.$$

ところで $n + 1 \geq 2$ ゆえ

$$\int_{|\zeta|=R} \frac{1}{(\zeta - z)^{n+1}}\, d\zeta = 0$$

であり，

$$f^{(n)}(z) = \frac{2 \cdot n!}{2\pi i} \int_{|\zeta|=R} \frac{u(\zeta) - A}{(\zeta - z)^{n+1}}\, d\zeta.$$

---

[5] 多くのテキストでは (17) の係数の $2R$ が $2^{n+2}R$ となっている．ここでは定理8の証明法を使うことで，評価が改良されている．

従って $|z| = r < R$ より

$$|f^{(n)}(z)| \leq \frac{2R \cdot n!}{2\pi} \int_0^{2\pi} \frac{A - u(\zeta)}{(|\zeta| - |z|)^{n+1}} \, d\varphi$$
$$\leq \frac{2R \cdot n!}{2\pi(R-r)^{n+1}} \left(2\pi A - \int_0^{2\pi} u(\zeta) \, d\varphi \right).$$

ここで (16) を用いて (17) を得る.   □

第2章

調 和 測 度　Ⅰ

　本章の目的は（狭義の）調和測度を定義し，それを用いるネバンリンナの二定数定理 (Zweikonstantensatz, two-constants theorem) を述べ，それによって正則関数に関するある一連の古典的定理が統一的に証明されるのを見ようとするものである．ここでは断らない限り，**領域 D は有界でかつその境界は有限個の互いに素なジョルダン曲線からなる**ものとする．なお応用上は境界曲線は滑らか，あるいは区分的に滑らかな曲線として十分であろう．

2.1　調 和 測 度

　先ず最大値の原理の拡張を記しておく．早く本論に入るために証明はここでは省略するが，その拡張も含めて 2.5 節の補遺を参照されたい．

定理 1（最大値の原理 Ⅱ）　$u(z)$ は有界領域 D の定数ではない調和関数で上方有界とし，D の境界 Γ の高々有限個を除く全ての点 ζ に対して

$$\varlimsup_{z \to \zeta} u(z) \leq M$$

とする．このとき $z \in D$ に対して $u(z) < M$ である．

　なお本定理は調和関数 u の代わりに正則関数 $f(z)$ の絶対値 $|f(z)|$ で置き換えても成立する（リンデレフの定理）．

定理 1 の系（一意性）　D で有界な調和関数 u_1, u_2 が境界 Γ の高々有限個の点を除いて同じ境界値をもつならば $u_1(z) \equiv u_2(z)$ である．

ネバンリンナ (Rolf Nevanlinna)：1895–1980，リンデレフ (Ernst Leonhard Lindelöf)：1870–1946

さて領域 D の境界 Γ 上の部分弧（あるいはその有限和）α に対して $\beta = \Gamma - \alpha$ とするとき，α 上で 1，β 上で 0 という境界値に対するディリクレ問題の解を

$$\omega(z, \alpha, D) \qquad (\text{あるいは } \omega(z, \alpha), \text{ または単に } \omega_\alpha(z))$$

と表し，これを D に関する（点 z における）α の**調和測度 (harmonic measure)** という．それは D で調和であり，$z \in D$ に対して $0 < \omega(z, \alpha) < 1$，そして α 上では 1，β 上では 0 である．但し α, β が端点を共有する場合は，その端点は除いて考える．定理 1 の系から

$$\omega(z, \alpha) + \omega(z, \beta) = 1 \quad (= \omega(z, \Gamma)).$$

また定理 1 とその系から次の性質がわかる：

(i) $\alpha \subset \alpha'$ ならば $z \in D$ に対して $\omega(z, \alpha) \leq \omega(z, \alpha')$.

(ii) α_1, α_2 を互いに素な Γ 上の部分弧とすれば

$$\omega(z, \alpha_1 + \alpha_2) = \omega(z, \alpha_1) + \omega(z, \alpha_2)$$

[**注意**] $\omega(z, \alpha, D)$ は上述のように α に関して測度的な性質をもつ．しかし，点 z 及び D に依存するという意味で "測度" という名前は適当でないかもしれないが，慣例に従って調和測度という．

例 1 D を単位円板 $\{|z| < 1\}$ とし，$\alpha = \{e^{i\varphi} \mid \varphi_1 < \varphi < \varphi_2\}$ を単位円周上の部分弧とするとき，1.3 節の定理 5 (11) のポアソン積分の通り

$$\omega(z, \alpha, D) = \int_{\varphi_1}^{\varphi_2} P(e^{i\varphi}, z)\, d\varphi, \qquad |z| < 1 \tag{1}$$

である．この右辺を計算すると[1]

$$\omega(z, \alpha, D) = -\frac{\varphi_2 - \varphi_1}{2\pi} + \frac{1}{\pi}\theta(z), \tag{2}$$

---

[1] $\int_{\varphi_1}^{\varphi_2} P(\zeta, z)\, d\varphi = \mathrm{Re}\left(\frac{1}{2\pi i} \int_\alpha \frac{\zeta + z}{\zeta - z} \frac{d\zeta}{\zeta}\right)$ (1.1 節参照).

但し $\theta(z) = \arg(e^{i\varphi_2} - z) - \arg(e^{i\varphi_1} - z)$.

なお，(2) の右辺は D で調和な関数であり，図からわかるように z を α の点に近ずけると 1，残りの円弧の点では 0 (端点を除く)．従って定理 1 の系により (2) の右辺は α の調和測度である．

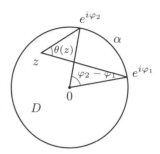

例 2 D が円環 $\{z \mid R_1 < |z| < R_2\}$ で $\alpha = \{z \mid |z| = R_1\}$ のときは，

$$\omega(z, \alpha, D) = \frac{\log \frac{R_2}{|z|}}{\log \frac{R_2}{R_1}}. \tag{3}$$

2.2 二定数定理

定理 2 (ネバンリンナの二定数定理) $f(z)$ は領域 D 上の定数ではない正則関数で有界，すなわち $M = \sup_{z \in D} |f(z)| < \infty$ とする．α を D の境界 Γ の部分弧とし，その各点 $\zeta \in \alpha$ で

$$\varlimsup_{z \to \zeta} |f(z)| \leq m < M \tag{4}$$

とする．このとき，$z \in D$ について

$$\log |f(z)| \leq \omega_\alpha(z) \log m + (1 - \omega_\alpha(z)) \log M \tag{5}$$

が成立する．ここに $\omega_\alpha(z)$ は α の調和測度 $\omega(z, \alpha, D)$ である．もし D の一点 z_0 で (5) の等号が成立すれば (5) は D の全ての点で等号が成立し，

$$f(z) = e^{ic} m^{\varphi(z)} M^{1 - \varphi(z)} \tag{6}$$

である．但し c は実数，$\varphi(z)$ は $\omega_\alpha(z)$ を実部とする D 上のある正則関数である．

(証明) $m > 0$ としてよい．実際，正数 m について (5) が成立しているとき，(4) の上極限の値が 0 ならば $m_n \downarrow 0$ なる数列をとって各 m_n に対して

(5) を利用すると，$n \to \infty$ とすれば $f(z) \equiv 0$ となって仮定に反す．さて $w = f(z)$ とし w–平面上の円環 $R = \{w \mid m < |w| < M\}$ における境界円 $\alpha' = \{|w| = m\}$ の調和測度を $\omega_{\alpha'}(w) = \omega(w, \alpha', R)$ とすると，(3) より

$$\omega_{\alpha'}(w) = \frac{\log \frac{M}{|w|}}{\log \frac{M}{m}}.$$

この関数は $w \neq 0$ を除いて w–平面で調和であることに注意すると，$f(z)$ の零点を除いて，1.1 節の (7) より合成関数 $\omega_{\alpha'} \circ f(z)$ は D で調和である．そこで任意の ε $(0 < \varepsilon < m)$ に対して

$$D_{\varepsilon} = D - \{z \in D \mid |f(z)| < \varepsilon\}$$

とし

$$u(z) = \omega_{\alpha'} \circ f(z) - \omega_{\alpha}(z)$$

とおくと，$u(z)$ は D_{ε} で調和でかつ非負である．実際，D_{ε} の境界のうち α の各点 ζ では

$$\varlimsup_{z \to \zeta} u(z) = \frac{\log M - \varlimsup_{z \to \zeta} \log |f(z)|}{\log M - \log m} - 1 \geq 0.$$

$\Gamma - \alpha$ の各点 ζ では $z \to \zeta$ のとき $\omega_{\alpha}(z) \to 0$ ゆえ $\varliminf u(z) \geq 0$．また $|w| = |f(z)| = \varepsilon$ なる D_{ε} の境界点 z では $\omega_{\alpha'} \circ f(z) > 1$ ゆえ $u(z) > 0$．従って最大値の原理 II を符号を変えて最小値の原理として用いると，$z \in D_{\varepsilon}$ では $u(z) \geq 0$ が成立する．また $\varepsilon > 0$ は任意ゆえ，$u(z) \geq 0$ が f の零点を除いて成り立つ．またその零点では $\omega_{\alpha'} \circ f(z) = \infty$ ゆえ $z \in D$ で $u(z) \geq 0$．従って

$$\omega_{\alpha}(z) \leq \frac{\log \frac{M}{|f(z)|}}{\log \frac{M}{m}}, \qquad z \in D \tag{7}$$

すなわち (5) が示された．(5) の等号が $z_0 \in D$ で成立すれば通常の最大値の原理から (5) は D で等号であり，従ってこの場合 $f(z) \neq 0$ であり，正則な関数 $\log f(z)$ と $\varphi(z) \log m + (1 - \varphi(z)) \log M$ は実部が一致するから (6) が従う． $\square$

[補足]　a) 実数 λ が $0 < \lambda < 1$ のとき，$\omega_\alpha(z) = \omega(z, \alpha, D)$ の**等高線 (level line)** L_λ を

$$L_\lambda = \{z \mid \omega_\alpha(z) = \lambda\}$$

とする．L_λ は解析曲線であり，D の境界 Γ を α と $\beta = \Gamma - \alpha$ に分ける．また λ を動かすとき，L_λ は D を丁度一回覆う．

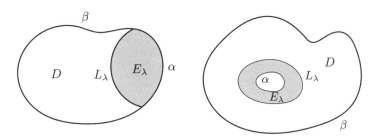

b) $E_\lambda = \{z \mid \omega_\alpha(z) > \lambda\}$ とすると (5) より $z \in E_\lambda \cup L_\lambda$ では

$$\log|f(z)| \leq \lambda \log m + (1 - \lambda) \log M \tag{8}$$

であり，$z \in E_\lambda$ では等号は起こらない．Nevanlinna[II, 6] ではこの形で述べられているが，以下では (5) 式を利用する．

補題 1　定理 2 と同じ条件のもとで $0 < \lambda < 1$ に対して

$$M(\lambda) = \sup_{z \in L_\lambda} |f(z)|$$

とする．但し L_λ は等高線である．このとき $0 \leq \lambda_1 < \lambda_2 \leq 1$ に対して $\lambda_1 \leq \lambda \leq \lambda_2$ ならば

$$\log M(\lambda) \leq \frac{\lambda - \lambda_1}{\lambda_2 - \lambda_1} \log M(\lambda_2) + \frac{\lambda_2 - \lambda}{\lambda_2 - \lambda_1} \log M(\lambda_1) \tag{9}$$

が成立する．すなわち $\log M(\lambda)$ は λ の凸関数である．

(証明)　等高線 L_{λ_1} と L_{λ_2} によって囲まれた領域を D^* とする．$M(\lambda_1) = M(\lambda_2)$ ならば最大値の原理 II により D^* で $M(\lambda) \leq M(\lambda_1) = M(\lambda_2)$ ゆえ (9) は成立するので，以下では $M(\lambda_2) < M(\lambda_1)$ としてよい．$\lambda_2 \to 1$ のと

き $L_{\lambda_2} \to \alpha$ ゆえ，ここで $m = M(\lambda_2)$, $M = M(\lambda_1)$, $\alpha = L_{\lambda_2}$ として定理 2を領域 D^* で使う．このとき $\omega^*(z) = \omega(z, L_{\lambda_2}, D^*)$ は

$$\omega^*(z) = \frac{\omega_\alpha(z) - \lambda_1}{\lambda_2 - \lambda_1}.$$

従って等高線 $\omega^*(z) = t \ (0 < t < 1)$ と

$$L_\lambda: \quad \omega_\alpha(z) = \lambda \equiv \lambda_1 + t(\lambda_2 - \lambda_1)$$

とは同一のものであり，また $\omega^*(z) = t$ 上の $|f(z)|$ の上限は $M(\lambda)$ であることに注意すれば，定理2を用いて $t = (\lambda - \lambda_1)/(\lambda_2 - \lambda_1)$ とすればよい． □

2.3 応用：正則関数の増大度と境界挙動

Nevanlinnna[Ⅱ, 6] に倣い，二定数定理とその系として示した補題1を応用して一連の定理を証明しよう．

定理3（アダマールの三円定理） 円環 $D = \{z \mid r_1 \leq |z| \leq r_2\}$ で正則な関数 $f(z)$ に対して $M(r) = \max_{|z|=r} |f(z)| \ (r_1 \leq r \leq r_2)$ とおけば

$$\log M(r) \leq \frac{\log r - \log r_1}{\log r_2 - \log r_1} \log M(r_2) + \frac{\log r_2 - \log r}{\log r_2 - \log r_1} \log M(r_1), \quad (10)$$

すなわち $\log M(r)$ は $\log r$ の凸関数である．

証明は補題1から直ちに得られる．実際，定理2の α として円周 $\{|z| = r_1\}$ をとれば (3) より

$$\omega_\alpha(z) = \omega(z, \alpha, D) = \frac{\log \frac{r_2}{|z|}}{\log \frac{r_2}{r_1}}.$$

従って，

$$a = \frac{1}{\log \frac{r_2}{r_1}} = \frac{1}{\log r_2 - \log r_1}, \qquad b = \frac{-\log r_2}{\log \frac{r_2}{r_1}} = \frac{-\log r_2}{\log r_2 - \log r_1}$$

とすると $\omega_\alpha(z) = a \log |z| + b$ であり，$\lambda = a \log r + b$ とすれば等高線 $\omega_\alpha(z) = \lambda$ は円周 $\{|z| = r\}$ ゆえ，(9) から (10) を得る．

　領域 D が非有界のとき，適当な等角写像によって D を有界領域 D' に移すことができるときは，D' における定理2の (5) 式を D に戻せば，調和関数が等角不変であるから，定理2は D でも成立する．次の定理 $3'^{2)}$ はその例であり，また定理4（フラグメン–リンデレフの定理）は非有界領域を有界領域で近似してその近似領域で二定数定理を用いて極限移行するものである．

定理3′ $f(z)$ は帯状領域 $D = \{z \mid a_1 \leq \mathrm{Re}\, z \leq a_2\}$ で正則かつ有界とする．D 内で虚軸に平行な直線 $\{z \mid \mathrm{Re}\, z = t\}$ $(a_1 \leq t \leq a_2)$ 上の $|f(z)|$ の上限を $M(t)$ とすれば

$$\log M(t) \leq \frac{a_2 - t}{a_2 - a_1} \log M(a_1) + \frac{t - a_1}{a_2 - a_1} \log M(a_2),$$

すなわち $\log M(t)$ は t の凸関数である．

　実際，$M(a_2) < M(a_1)$ のときは $\alpha = \{z \mid \mathrm{Re}\, z = a_2\}$ とすると，$z = x + iy$ に対して $\omega(z, \alpha, D) = (x - a_1)/(a_2 - a_1)$ であるので，補題1から結論を得る．なお反対の場合には $\alpha = \{z \mid \mathrm{Re}\, z = a_1\}$ として a_1 と a_2 が入れ替わるのみで，右辺の値は変わらない．

定理4（フラグメン–リンデレフの定理）　$f(z)$ は上半平面 $U = \{z \mid \mathrm{Im}\, z > 0\}$ で正則とする．ある正数 m に対して，実軸の各点 t では $\overline{\lim}_{z \to t} |f(z)| \leq m$ であって，任意の $\varepsilon > 0$ に対してある r_0 があって $|z| \geq r_0$ なる全ての z について

$$|f(z)| \leq e^{\varepsilon |z|}$$

ならば，$z \in U$ に対して $|f(z)| \leq m$ である．すなわち $|f(z)|$ に対して U で最大値の原理が成り立つ．

（証明）　$m \neq 1$ のときは $f(z)/m$ を考えればよいので，最初から $m = 1$ としてよい．さて z–平面上で原点を中心とする半径 r の上半円板，上半円周を

フラグメン (Lars Edvard Phragmén)：1863–1937
2) 「ドエチェ (Doetsch) の3線定理」とも呼ばれる．

それぞれ G_r, C_r とすると

$$\omega_r(z) := \omega(z, C_r, G_r)$$
$$= 2\left(1 - \frac{\theta}{\pi}\right)$$
$$= 2\left(1 - \frac{1}{\pi} \arg \frac{z-r}{z+r}\right).$$

ここで $M(r) = \sup_{z \in C_r} |f(z)|$ とおく．r が十分大ならば $M(r) > m = 1$ としてよい．実際，もし $M(r_n) \leq 1, r_n \to \infty$ なる $\{r_n\}$ が存在すれば，$z \in G_r$ に対して最大値の原理から直ちに結論を得る．ここで二定数定理により $z \in G_r$ に対して

$$\log|f(z)| \leq \omega_r(z) \log M(r) + (1 - \omega_r(z)) \log m$$
$$= \omega_r(z) \log M(r).$$

さて $z = x + iy \in U$ を任意にとって固定し，$r \to \infty$ とすると

$$\omega_r(z) = \frac{2}{\pi}\left(\arctan \frac{y}{r+x} + \arctan \frac{y}{r-x}\right) \sim \frac{4ry}{\pi(r^2 - x^2)}$$

であり，また仮定から $r \geq r_0$ のとき $\log M(r) \leq \varepsilon r$．よって $r \to \infty$ とすると

$$\log|f(z)| \leq \frac{4y\varepsilon}{\pi}$$

であり，$\varepsilon \to 0$ とすれば $z \in U$ に対して $|f(z)| \leq 1$ を得る． □

[注意] フラグメン–リンデレフの定理は次のような形でも述べられる：$f(z)$ は上半平面 U で正則であって，実軸上で $\overline{\lim}_{z \to t} |f(z)| \leq m \ (t \in \mathbb{R})$ とする．このとき $f(z)$ は U で有界で $|f(z)| \leq m$ であるか，あるいは f は非有界で

$$\varliminf_{r \to \infty} \frac{\log M(r)}{r} > 0$$

が成り立つ．

このほか上半平面 U に等角写像される領域で同種の結果がある．次の定理はその1つである．

定理 4′ 帯状領域 $B = \{s = \sigma + i\tau \mid a < \sigma < b, \tau \in \mathbb{R}\}$ で $f(s)$ は正則で，無限遠点 $\{\infty\}$ を除く B の全ての境界点 t において $\overline{\lim}_{s \to t} |f(s)| \leq m$ $(s \in B)$ とする．このとき，任意の $\varepsilon > 0$ に対して正数 τ_0 が存在して

$$|f(s)| \leq \exp(\varepsilon e^{\frac{\pi\tau}{b-a}}), \qquad \tau \geq \tau_0$$

であるならば，$s \in B$ に対して $|f(s)| \leq m$ である．

(証明) $z = \exp(i\pi(b-s)/(b-a))$ によって帯状領域 B は z–平面の上半平面 U に等角写像され，$|z| = \exp(\pi\tau/(b-a))$ ゆえ，仮定は

$$|f(s(z))| \leq e^{\varepsilon|z|}, \qquad |z| \geq r_0 = e^{\frac{\pi\tau_0}{b-a}}$$

と書かれるから，定理 4 により $s \in B$ に対して $|f(s)| \leq m$. □

最後に極限値への一様収束性に関する次の結果にも応用してみる．

定理 5（リンデレフの定理[3]） $f(z)$ は上半平面 U で正則かつ有界であって正の実軸をこめて連続とする．実軸上で $z = x \to +\infty$ のとき $f(z) \to a$ ならば，任意の正数 η $(< \pi)$ に対して角領域 $\Delta_\eta = \{z \mid 0 < \arg z < \pi - \eta\}$ 内で $z \to \infty$ のとき $f(z)$ は a に一様収束する．

(証明) $f(z) < 1, a = 0$ としてよい．従って仮定から，1 より小さい正数 δ に対して，$x \geq x_0$ であれば $|f(x)| < \delta$ となるような x_0 がとれる．ここで $\alpha = \{x \mid x \geq x_0\}$ とすると

$$\omega_\alpha(z) = \omega(z, \alpha, U) = 1 - \frac{1}{\pi} \arg(z - x_0) = 1 - \frac{\theta}{\pi}.$$

よって二定数定理の (5) 式を $M = 1, m = \delta$ として用いると，$z \in U$ に対して

$$\log |f(z)| \leq \omega_\alpha(z) \log \delta.$$

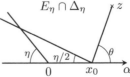

---

[3] 「リンデレフの漸近値定理 (Lindelöf's asymptotic value theorem)」と呼ばれることもある．

さて十分小さい $\eta > 0$ に対して

$$E_\eta := \left\{ z \in U \mid \omega_\alpha(z) \geq \frac{\eta}{2\pi} \right\}$$
$$= \left\{ z \in U \mid 0 < \arg(z - x_0) \leq \pi - \frac{\eta}{2} \right\}$$

とするとき, $z \in \Delta_\eta$ は $|z|$ が十分大きいとき $z \in E_\eta \cap \Delta_\eta$ であり, また $\log \delta < 0$ ゆえ

$$\log |f(z)| \leq \frac{\eta}{2\pi} \log \delta.$$

すなわち $|f(z)| \leq \delta^{\eta/2\pi}$ である. 従って ε, η に対して $\delta < \varepsilon^{2\pi/\eta}$ となるように δ をとっておくと, ある $r_0 = r_0(\varepsilon, \eta)$ があって $\Delta_\eta \cap \{|z| \geq r_0\}$ で一様に $|f(z)| < \varepsilon$, すなわち Δ_η 内で $z \to \infty$ のとき一様に $f(z) \to 0$ である. $\qquad \square$

定理5の系 $f(z)$ は上半平面 U で正則かつ有界であって, 実軸をこめて連続とし, 実軸上で $f(x) \to a \ (x \to +\infty), f(x) \to b \ (x \to -\infty)$ とする. このとき $a = b$ であり, U 上 $z \to \infty$ のとき $f(z)$ は一様に a に収束する.

等角写像を使えば, この系は次のように一般化される.

定理5′ $f(z)$ はジョルダン曲線 Γ で囲まれた領域 D で正則かつ有界とし, $D \cup \gamma_1 \cup \gamma_2$ で連続とする. 但し $\gamma_k \ (k = 1, 2)$ は $\zeta_0 \in \Gamma$ を共通の終点にもつ部分弧である. もし $k = 1, 2$ について $\zeta \in \gamma_k$ で $\zeta \to \zeta_0$ のとき $f(\zeta) \to a_k$ ならば $a_1 = a_2$ であり, $z \to \zeta_0 \ (z \in D)$ のとき $f(z)$ はその共通の値に一様に収束する.

なお, D が単連結でない場合は, 図のような単連結領域 D' をとり, D' を等角写像して ζ_0 が $\{\infty\}$ に移るようにすればよい.

この定理をいいかえると "$f(z)$ は D で正則で, γ_k に沿って極限値 a_k をもつが, もし $a_1 \neq a_2$ ならば f は D で非有界である" となる.

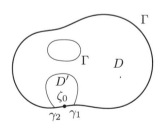

2.4　ディリクレ積分

　次章の準備にディリクレ積分について少しふれておこう．一般に領域 G で C^1 級の実数値関数 $u(z)\ (=u(x,y))$ に対し積分

$$\iint_G (u_x^2 + u_y^2)\, dx\, dy \quad \left(= \iint_G |\operatorname{grad} u|^2\, dx\, dy \right) \tag{11}$$

を u の G 上の**ディリクレ積分**（あるいは**エネルギー積分**）といい $D_G(u)$（あるいは $D(u)$）と表すことにする[4]．$D(u) < \infty$ のとき明らかに $D(u) \geq 0$ で，等号は u が定数のときに限られる．関数 u, v に対して $D(u) < \infty$，$D(v) < \infty$ のとき，積分

$$\iint_G (u_x v_x + u_y v_y)\, dx\, dy$$

は有限の値として存在し，これを $D_G(u, v)$（あるいは $D(u, v)$）と表す．$D(u, v) = D(v, u)$，$D(u, u) = D(u)$ であり，シュワルツの不等式により

$$D(u, v)^2 \leq D(u) D(v).$$

また，ディリクレ積分は等角不変である．すなわち $u = u(w)$ を w–平面上の C^1 級の関数，$w = f(z)$ を等角写像とすれば，$D(u \circ f) = D(u)$ が容易に確かめられる．また $D(u, v)$ もそうである．実際，直接計算を行うか，あるいは $2D(u, v) = D(u + v) - D(u) - D(v)$ からわかる．さらに $u(z)$ が G で調和のとき，u を実部にもつ正則関数を $f(z) = u + iv$ とすれば $f'(z) = u_x + iv_x = u_x - iu_y$ ゆえ

$$D_G(u) = \iint_G |f'(z)|^2\, dx\, dy. \tag{12}$$

　次に周知の**グリーンの公式**を証明なしにあげておく．

定理 6（グリーンの公式）　G は有界領域で，その境界 Γ は有限個の滑らか（あるいは区分的に滑らか）な曲線からなるとし，$u(z), v(z)$ は $G \cup \Gamma$ で C^1

---

[4] ここではディリクレ積分が有限確定しないときも $D(u)$ という記号を用いることとし，このときは $D(u) = \infty$ とする．

級，さらに $u(z)$ は G で調和とすれば

$$D_G(u, v) = -\int_\Gamma v \frac{\partial u}{\partial n}\, ds \tag{13}$$

である．但し $\frac{\partial}{\partial n}$ は内法線微分とし，（線素 ds による）線積分は領域 G に関して正の方向にとる．

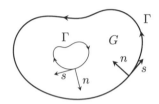

さらに $v(z)$ も調和ならば (13) より

$$\int_\Gamma \left(u \frac{\partial v}{\partial n} - v \frac{\partial u}{\partial n} \right) ds = 0 \tag{14}$$

であり，特に $v \equiv 1$ とすると

$$\int_\Gamma \frac{\partial u}{\partial n}\, ds = 0. \tag{15}$$

例 1 $G = \{|z| < 1\}$ とし α を単位円周上の部分弧とするとき，調和測度 $\omega = \omega(z, \alpha, G)$ のディリクレ積分 $D_G(\omega)$ は ∞ である．

実際，例えば α の端点を ζ_1, ζ_2 とし，$0 < \rho < 2^{-1}|\zeta_1 - \zeta_2|$ なる ρ に対して ζ_1（あるいは ζ_2）を中心とし半径 ρ と ε ($0 < \varepsilon < \rho$) の近傍をとり，2.1 節の例 1 の (2) を用いて計算すると，適当な正定数 C について

$$D_G(\omega) \geq D_{G \cap (U_\rho - U_\varepsilon)}(\omega) \geq C \log \frac{1}{\varepsilon}.$$

ここで $\varepsilon \to 0$ とすれば $D_G(\omega) = \infty$.

例 2 G は m (≥ 2) 個の解析曲線で囲まれた有界領域で，その境界 Γ の 1 つの（連結）成分を α，残りを β とするとき，調和測度 $\omega_\alpha = \omega(z, \alpha, G)$ のディリクレ積分は有限であり

$$D_G(\omega_\alpha) = -\int_\alpha \frac{\partial \omega_\alpha}{\partial n}\, ds = \int_\alpha d\omega_\alpha^* \tag{16}$$

である．但し ω_α^* は ω_α の共役調和関数である．

実際，Γ は解析曲線であり，ω_α は α 上で 1, β 上で 0 であるから $\omega_\alpha + i\omega_\alpha^*$ は Γ の各点の近傍で鏡像の原理により正則に延長される．従って境界上でコーシー・リーマンの関係 $\frac{\partial \omega_\alpha}{\partial n} = -\frac{\partial \omega_\alpha^*}{\partial s}$ が成立し，(13) で $u = v = \omega_\alpha$ とすれば

$$D_G(\omega_\alpha) = -\int_\alpha \frac{\partial \omega_\alpha}{\partial n}\, ds = \int_\alpha \frac{\partial \omega_\alpha^*}{\partial s}\, ds = \int_\alpha d\omega_\alpha^*.$$

例えば，G を円環領域 $\{z \mid R_1 < |z| < R_2\}$ で $\alpha = \{z \mid |z| = R_2\}$ とすると，(3) より

$$\omega_\alpha(z) = \frac{\log|z| - \log R_1}{\log R_2 - \log R_1}$$

ゆえ $\omega_\alpha^* = \arg\left(z/\log\left(R_2/R_1\right)\right)$. 従って

$$D_G(\omega_\alpha) = \int_\alpha d\omega_\alpha^* = \frac{2\pi}{\log R_2 - \log R_1}.$$

また $\alpha' = \{z \mid |z| = R_1\}$ とすると

$$D_G(\omega_{\alpha'}) = D_G(1 - \omega_\alpha) = D_G(\omega_\alpha).$$

2.5　補遺：劣調和関数について

$-\infty$ も値として許す z–平面上の領域 D 上の実数値関数[5] $u(z)$ が次の条件を満たすとき，u は領域 D で**上半連続 (upper semi–continuous)** であるという．すなわち，$u(z_0) \neq -\infty$ なる D の各点 z_0 で，任意の $\varepsilon > 0$ に対して z_0 のある近傍 U があって

$$u(z) \leq u(z_0) + \varepsilon, \qquad z \in U$$

を満たし，$u(z_0) = -\infty$ となる z_0 では $\lim_{z \to z_0} u(z) = -\infty$ を満たす．なお，この条件は $\overline{\lim}_{z \to z_0} u(z) \leq u(z_0)$ ということもできる．また，$-u(z)$ が上半連続のとき $u(z)$ は**下半連続 (lower semi–contiuous)** という．

---

[5] 一般に，$\pm\infty$ も値に許す実数値関数を拡張実数値関数と呼ぶことがある．

$u(z)$ が D で上半連続ならば，D に含まれる閉集合 F に対して F 上の連続関数の単調減少列 $\{\varphi_n(z)\}$ $(\varphi_n(z) \geq \varphi_{n+1}(z))$ で $u(z)$ に収束するものがとれる．またその逆もいえる（証明略）．従って上半連続関数の可積分性がわかる．

定義1（劣調和関数） $u(z)$ が D で定義された上半連続関数で，D の各点 z_0 に対してある正数 r_0 があって

$$u(z_0) \leq \frac{1}{2\pi} \int_0^{2\pi} u\left(z_0 + re^{i\theta}\right) d\theta, \qquad 0 < r \leq r_0 \tag{17}$$

が成り立つとき，$u(z)$ は D で**劣調和 (subharmonic)** という．また $-u$ が劣調和であるとき u は**優調和 (superharmonic)** であるという．

例 (i) 調和関数は劣調和である（ガウスの平均値定理を参照のこと）．

(ii) $\log|z|$ は $z = 0$ を除いて調和であり，全平面で劣調和である．

(iii) 正則関数 $f(z)$ の絶対値 $|f(z)|$ は劣調和である（コーシーの積分公式からわかる）．

(iv) $u_1(z)$, $u_2(z)$ が劣調和ならば

$$c_1 u_1(z) + c_2 u_2(z) \quad (c_1, c_2 \text{ は正数)}, \text{ 及び } \max(u_1(z), u_2(z))$$

もそうである．

(v) $u(z)$ が C^2 級実数値関数のとき，$\Delta u \geq 0$ を満たすならば u は劣調和であり，また逆も正しい．実際，グリーンの公式から，D に含まれる円板 $K_r = \{z \mid |z - z_0| \leq r\}$ に対して，$0 < t \leq r$ ならば

$$0 \leq \iint_{K_t} \Delta u \, dx \, dy = t \int_0^{2\pi} \frac{\partial u}{\partial r}(z_0 + te^{i\theta}) \, d\theta.$$

両辺を t でわり t について 0 から r まで積分すると

$$0 \leq \int_0^{2\pi} u(z_0 + re^{i\theta}) \, d\theta - 2\pi u(z_0).$$

従って u が劣調和であることがわかる．逆は，背理法を用いて，ある点 z_0 でもし $\Delta u < 0$ ならば z_0 のある近傍 K_r でも $\Delta u < 0$ であり，上の式から z_0 で u の劣調和性が破れ矛盾である．

　最後に，最大値の原理（1.2 節 定理 3 及び 2.1 節 定理 1）は劣調和関数にも拡張されることを示しておく.

定理 7（最大値の原理 I′）　定数ではない $u(z)$ は領域 D で連続な劣調和関数とする．このとき $M = \sup_{z \in D} u(z) < \infty$ ならば

$$u(z) < M, \qquad z \in D.$$

（証明）　D 内のある点 z_0 で $u(z_0) = M$ とすれば，劣調和性と M の定義から $0 \le \int_0^{2\pi} (u(z_0 + re^{i\theta}) - M)\, d\theta \le 0$, 従ってその積分は 0 である．しかも被積分関数は連続でかつ非正．ゆえにある r_0 に対して $0 \le r \le r_0$, $0 \le \theta \le 2\pi$ で $u(z_0 + re^{i\theta}) = M$. すなわち u は z_0 の近傍で M に等しい．従って $D_1 = \{z \in D \mid u(z) = M\}$ は開集合でかつ $\varnothing$（空集合）ではない．また u は連続ゆえ $D_2 = \{z \in D \mid u(z) < M\}$ も開集合で

$$D = D_1 \cup D_2, \qquad D_1 \cap D_2 = \varnothing.$$

D は領域ゆえ連結集合であり一方は $\varnothing$ でなければならない．従って $D_2 = \varnothing$ であり $u(z) \equiv M$ となって矛盾である．　　　　　$\square$

定理 8（最大値の原理 II′）　定数ではない $u(z)$ は有界領域 D で上方有界で連続な劣調和関数とする．このとき D の境界 Γ の高々有限個の点 $\zeta_1, \ldots, \zeta_m$ を除く全ての点 ζ に対して

$$\varlimsup_{z \to \zeta} u(z) \le M, \qquad z \in D$$

ならば，$z \in D$ に対して $u(z) < M$ である．

（証明）　D は有界ゆえ R を十分大きくとると

$$g(z) = \prod_{k=1}^{m} \frac{z - \zeta_k}{R}$$

は D で $|g(z)| < 1$ とできる．従って $h(z) = \log|g(z)|$ は $z = \zeta_k$ を除いて調和で，$z \in D$ に対して $h(z) < 0$ であり，$z \to \zeta_k$ のとき $h(z) \to -\infty$ である．さて任意の $\varepsilon > 0$ に対して

$$v(z) = u(z) + \varepsilon h(z)$$

とおく. $u(z)$ は上方有界ゆえ ζ_k の小さい近傍において $v(z) < M$ としてよい. 以上及び仮定から, Γ の各点 ζ に対して近傍 U_ζ があり

$$v(z) < M + \varepsilon, \qquad z \in U_\zeta \cap D.$$

境界 Γ はコンパクトゆえ Γ は有限個のこれらの近傍で覆われる. その近傍の合併を U とすると $D - U$ は完全に D に含まれ, $U \cap D$ 上では $v < M + \varepsilon$, 従って上の定理により $z \in D$ に対して $v(z) < M + \varepsilon$. $\varepsilon \to 0$ とすれば $z \in D$ に対して $u(z) \leq M$ であり, u は定数ではないから D では $u(z) < M$.   □

[**注意**] 劣調和関数 $u(z)$ の定義の (17) は次の条件で置き換えられる:

  D' はその境界 C' とともに D に含まれる任意の領域とする. $h(z)$ は D' で調和であって $D' \cup C'$ で連続であり, $z \in C'$ に対して $u(z) \leq h(z)$ ならば $z \in D'$ に対して $u(z) \leq h(z)$ が成立する.

  この定義からは劣調和性が等角不変であることが見やすい.

第3章

調和測度　II

　本章では，平面上のコンパクト集合（有界閉集合）に対する調和測度を定義し，特にその調和測度が0である集合について調べる．そしてこの概念が複素解析の理論展開においてある意味で無視，または除去できる集合の限界を与えるものであることを見よう．

3.1　定　　義

　E は平面上のコンパクト集合とし，その補集合で無限遠点 $\{\infty\}$ を含む領域を D とする．E の調和測度を定義するために先ず D に対して次の性質をもつ領域列 $\{D_n\}$ をとる；

(i)　D_n の境界 Γ_n は有限個のジョルダン曲線からなるとし，

$$\{\infty\} \in D_1 \subset D_2 \subset \cdots \subset D_n \subset \cdots,$$
$$\overline{D_n} = D_n \cup \Gamma_n \subset D_{n+1},$$
$$D = \bigcup D_n.$$

　このような $\{D_n\}$ を D の**近似列 (exhaustion)** ということは周知であろう．ところで以下ではさらに次の性質ももつ近似列をとることが有用である；

(ii)　各 Γ_n は有限個の互いに素な**解析曲線**からなる．

　このような $\{D_n\}$ を D の**標準近似列**という．これを作るために先ず1つの近似列 $\{D_n\}$ をとる．$D_{n+1} - \overline{D_n}$ は一般に有限個の領域の和であるが，記号簡略のため1つの成分とする．そしてその上で Γ_{n+1} に関する調和測度 ω をつくりその等高線を考える．その際，等高線が分岐する点（$\omega_x = \omega_y = 0$ となる点で，存在しても高々有限個）を通らないものを1つとる．この等高

線は解析曲線であり，Γ_n と Γ_{n+1} とを分けるので，この等高線があらためて Γ_n になるように D_n をとりかえれば求める標準近似列が得られる．

さてコンパクト集合 E の調和測度を定義しよう．上述の D の標準近似列 $\{D_n\}$ をとり，$D_n - \overline{D}_1$ 上で Γ_n に関する調和測度 $\omega_n(z) = \omega(z, \Gamma_n, D_n - \overline{D}_1)$ を考えると，$\omega_n(z)$ は $D_n - \overline{D}_1$ で調和であって $0 < \omega_n(z) < 1$. ゆえに最大値の原理により $z \in D_n - \overline{D}_1$ では $\omega_n(z) \geq \omega_{n+1}(z)$. 従って $\{\omega_n(z)\}$ は $D - \overline{D}_1$ で広義一様収束し，その極限関数

$$\lim_{n \to \infty} \omega_n(z) = \omega(z)$$

はハルナックの定理により $D - \overline{D}_1$ で調和であることがわかる．この $\omega(z)$ を E の**調和測度**といい $\omega(z, E)$ とも書く．調和測度は

$$0 \leq \omega(z, E) < 1, \qquad z \in D - \overline{D}_1$$

であり，最小値の原理により $D - \overline{D}_1$ の一点で 0 ならば $\omega(z, E) \equiv 0$ である．$\omega(z, E) \equiv 0$ のとき E は**調和測度 0 の集合**といい，$\omega \not\equiv 0$ のとき E を**調和測度正の集合**という．

先ず次のことを注意する："**調和測度 $\omega(z, E)$ が 0 か正かという性質は D の近似列のとり方に無関係である．**"これを示すために

$$\omega(z, E) = \lim_{n \to \infty} \omega_n(z) \equiv 0$$

とする．このとき

第1段）R を十分大にとり，$D_1' \equiv \{|z| > R\} \subset D_1 \subset D_2 \subset \cdots$ を1つの近似列とし

$$\omega_n'(z) = \omega(z, \Gamma_n, D_n - \overline{D}_1')$$

とすると，前と同様に $\{\omega_n'\}$ は単調減少し，この近似列による E の調和測度 $\omega'(z) = \omega'(z, E)$ に収束する．ここで $\omega' \equiv 0$ を示そう．仮定により $\{\omega_n(z)\}$ は $D - \overline{D}_1$ で広義一様に 0 に収束するから，任意の $\varepsilon > 0$ に対して n を十分

ハルナック (Carl Gustav Axel Harnack)：1851–1888

大にとると $z \in \Gamma_2$ について $\omega_n(z) < \varepsilon$ となるので，ここで n を固定する．さて

$$\lambda_i = \max\{\omega'_n(z),\, z \in \Gamma_i\}, \qquad i = 1, 2$$

とおくと，$\omega'_n - \omega_n$ は $D_n - \overline{D}_1$ で調和で，最大値の原理により $z \in D_n - \overline{D}_1$ に対して $\omega'_n(z) - \omega_n(z) \leq \lambda_1$ であるから，特に Γ_2 上で考えると

$$\lambda_2 \leq \lambda_1 + \varepsilon. \tag{a}$$

同様に $D_2 - \overline{D}_1$ で最大値の原理により $z \in D_2 - \overline{D}_1$ に対して $\omega'_n(z) \leq \lambda_2 \omega'_2(z)$ となり，特に Γ_1 上では

$$\lambda_1 \leq \lambda_2 M, \qquad M = \max\{\omega'_2(z),\, z \in \Gamma_1\}. \tag{b}$$

ここで $0 < M < 1$ であり，M は n に無関係であることに注意する．よって (a) (b) より

$$\lambda_1 \leq \frac{\varepsilon M}{1 - M}.$$

従って Γ_1 上の点 z_0 で

$$\omega'(z_0) \leq \omega'_n(z_0) \leq \lambda_1 \leq \frac{M\varepsilon}{1 - M}.$$

を得るが，ε は任意であるから $\omega'(z_0) = 0$，よって $\omega'(z) \equiv 0$．

　第 2 段）$\{D_n^*\}$ を D の任意の近似列とする．第 1 段により，R を十分大にとって $D_1 = \{|z| > R\}$ とし，$D_1 \subset D_1^* \subset D_2^* \subset \cdots$ としてよい．仮定により任意の $\varepsilon > 0$ に対して n を十分大にとれば $D_n - \overline{D}_1$ で $\omega_n(z) < \varepsilon$．その n に対して m を十分大にとれば $D_n \subset D_m^*$ ゆえ，最大値の原理から $z \in D_n - \overline{D}_1$ に対して

$$\omega(z, \Gamma_m^*, D_m^* - \overline{D_1^*}) < \omega(z, \Gamma_m^*, D_m^* - \overline{D}_1)$$
$$< \omega(z, \Gamma_n, D_n - \overline{D}_1) = \omega_n(z) < \varepsilon.$$

ε は任意ゆえ

$$\lim_{m \to \infty} \omega(z, \Gamma_m^*, D_m^* - \overline{D_1^*}) = 0,$$

すなわち $\{D_n^*\}$ が定めるコンパクト集合 E の調和測度も 0 である．

3.2 調和測度0の集合

先ず定義から直ちにわかる性質として,

(a) コンパクト集合 E の調和測度が0ならば E の閉部分集合もそうである.

(b) 2つのコンパクト集合 E_1, E_2 の調和測度が0ならば, $E = E_1 \cup E_2$ も
そうである.

実際, $i = 1, 2$ について E_i の補集合で $\{\infty\}$ を含む領域を D_i とし, それ
ぞれの近似列 $\{D_{i,n}\}$ $(n = 1, 2, \ldots)$ をとる. 各 E_i の調和測度は0すなわち
$\omega(z, E_i) = 0$ ゆえ, 調和測度が0であることはその近似列のとり方に無関係
なので, $D_{1,1} = D_{2,1} \equiv D_1$ としてよい. さて $D_{1,n} \cap D_{2,n}$ の $\{\infty\}$ を含む
領域を D_n とすると, $\{D_n\}$ は $E = E_1 \cup E_2$ に対する近似列となる. 任意の
$\varepsilon > 0$ に対して n を十分大にとれば, $i = 1, 2$ について

$$\omega(z, \Gamma_{i,n}, D_{i,n} - \overline{D_1}) < \frac{\varepsilon}{2}, \qquad z \in D_n - \overline{D_1}.$$

また

$$\begin{aligned}
\omega_n(z) &\equiv \omega(z, \Gamma_n, D_n - \overline{D_1}) \\
&\leq \omega(z, \Gamma_{1,n}, D_{1,n} - \overline{D_1}) + \omega(z, \Gamma_{2,n}, D_{2,n} - \overline{D_1})
\end{aligned}$$

ゆえ, $\omega_n(z) < \varepsilon$ となる. また $\omega(z, E) \leq \omega_n(z)$ であり ε は任意ゆえ,
$\omega(z, E) = 0$ を得る.

例1 有限個の点からなる集合 E の調和測度は0である.

実際, 上の (b) から, E が一点の場合を示せばよい. $E = \{0\}$ とし近似列
$D_n = \{|z| > 1/n\}$ $(n = 1, 2, \ldots)$ をとると, $D_n - \overline{D_1} = \{1/n < |z| < 1\}$
ゆえ

$$\omega(z, \Gamma_n, D_n - \overline{D_1}) = \frac{\log \frac{1}{|z|}}{\log n} \to 0 \qquad (n \to \infty).$$

例2 コンパクト集合 E が線分, 円弧等 (一般には連続体) γ を含めば, こ
の E の調和測度は正である.

実際, γ は閉集合としてよい. $E \supset \gamma$ として $\omega(z, \gamma) > 0$ を示せばよい.
γ の補集合で $\{\infty\}$ を含む領域を D_γ とするとき, $D_\gamma - \overline{D_1}$ において調和で

$D_1 = \{|z| > R\}$（但し R は十分大）の境界 Γ_1 上で 0，γ 上で 1 という調和関数のディリクレ問題を考えると，詳細は省略するが，その解 $\omega(z)$ (> 0) は存在する．$\{D_n\}$ を D_γ の近似列とすると，各 n に対して最大値の原理により $z \in D_n - \overline{D}_1$ に対して

$$\omega(z, \Gamma_n, D_n - \overline{D}_1) \geq \omega(z) > 0$$

ゆえ，$\omega(z, \gamma) = \lim_{n\to\infty} \omega(z, \Gamma_n, D_n - \overline{D}_1) > 0$ である．

例 3（一般化されたカントル集合） $1 < p \leq p_n$ $(n = 1, 2, \ldots)$ を満たす実数列 $\{p_n\}$ に対して，次のような集合列 $\{E_n\}$ をつくる：E_0 は閉区間 $[0, 1]$ とし，E_0 の中央に位置する長さ $(1 - 1/p_1)$ の開区間を E_0 から除いた集合を E_1 とする．E_1 は長さ $1/(2p_1)$ の 2 つの閉区間からなり，E_1 の（1 次元）測度は $|E_1| = 1/p_1$ である．次に E_1 の 2 つの閉区間からそれぞれその中央に位置する長さ $(1 - 1/p_2)/(2p_1)$ の開区間を除いた閉集合を E_2 とすると，E_2 は 4 個の閉区間からなり，その測度は $|E_2| = 1/(p_1 p_2)$ である．以下同様にこの操作を繰り返すと，2^n 個の閉区間からなる有界閉集合 E_n が得られ

$$|E_n| = \frac{1}{p_1 p_2 \cdots p_n}.$$

このとき $E = \cap_{n=1}^{\infty} E_n$ を実数列 $\{p_n\}$ に対する（**一般化された**）**カントル集合**という．周知のように E は非可算閉集合で（1 次元測度は）$|E| = 0$ である．このとき次の定理が知られている．

定理 1 実数列 $\{p_n\}$ に対する一般化されたカントル集合 E の調和測度が 0 であるのは

$$\sum_{n=1}^{\infty} 2^{-n} \log p_n = \infty \tag{1}$$

であるときに限る．

この定理の証明は文献 [II, 2], [II, 6] 等を参照されたい．例えば $p_n = p$

カントル (Georg Cantor)：1845–1918

(> 1) $(n = 1, 2, \ldots)$ ならば E の調和測度は正である（$p = 3$ のときがカントルの3進集合 (ternary set) である）．一方，級数 (1) が発散する数列 $\{p_n\}$ も明らかに無数にある．すなわち非可算閉集合で調和測度0のものは無数に存在する．

次に調和測度0の定義と同値な1つの定義を用意しておこう．E は z–平面上のコンパクト集合とし，E の補集合で $\{\infty\}$ を含む領域を D とし，$\{D_n\}$ を D の標準近似列とする．その際 R (> 0) を十分大きくとり

$$D_0 = \{|z| > R\} \subset D_1 \subset D_2 \subset \cdots$$

としておく．さて $\omega_n(z) = \omega(z, \Gamma_n, D_n - \overline{D}_0)$ を E の調和測度を定める調和関数列とし，$\frac{\partial}{\partial \nu}$ を内法線微分[1] とするとき

$$d_n = \int_{\Gamma_0} \frac{\partial \omega_n}{\partial \nu} \, ds, \qquad n = 1, 2, \ldots \tag{2}$$

とおく．このとき第2章の (15) 及び (16) から，ディレクリ積分 D を用いると，$D_{D_n - \overline{D}_0}(1 - \omega_n) = D_{D_n - \overline{D}_0}(\omega_n)$ であることから，

$$d_n = D_{D_n - \overline{D}_0}(\omega_n)$$

となることに注意する．ω_n は Γ_0 上で0であり，$z \in D_n - \overline{D}_0$ に対して $0 < \omega_n(z) < 1$ ゆえ，Γ_0 上で $\frac{\partial \omega_n}{\partial \nu} \geq 0$．また $\omega_n(z) \geq \omega_{n+1}(z)$ ゆえ $d_n \geq d_{n+1} \geq 0$ であり，よって極限値

$$d \equiv \lim_{n \to \infty} d_n \geq 0 \tag{3}$$

が存在する．

補題1[2] E の調和測度が0であるのは $d = 0$ のときに限る．

---

[1] 領域 $D_n - \overline{D}_0$ に関する "内側" であることに注意し，積分路としての Γ_0 の向きづけにも注意する．

[2] 4.2節の定理2のための補題．

（証明）　E の調和測度を $\omega(z)$ とするとき

$$d = \int_{\Gamma_0} \frac{\partial \omega}{\partial \nu}\, ds \tag{4}$$

と書かれることに注意する．実際，$\omega_n(z)$ は円周 Γ_0 上で 0 ゆえ，n には無関係な Γ_0 のある近傍 V に調和に延長され，$\{\omega_n(z)\}$ は V で一様収束する．従って $\frac{\partial \omega_n}{\partial \nu}$ は Γ_0 上で $\frac{\partial \omega}{\partial \nu}$ に一様収束し，(4) が成立する．

さて $\frac{\partial \omega}{\partial \nu} \geq 0$ ゆえ，$d = 0$ と Γ_0 上で $\frac{\partial \omega}{\partial \nu} = 0$ とは同値であり，Γ_0 上で 2 つの条件を与える調和関数の境界値問題を考えることから，Γ_0 上で $\frac{\partial \omega}{\partial \nu} = 0$ となることと $\omega \equiv 0$ となることは同値である．詳述すれば，Γ_0 上で $\omega_n = \omega = 0$ ゆえ $d\omega = 0$．また $d\omega^* = \frac{\partial \omega}{\partial \nu}\, ds$ ゆえ，$w = \omega + i\omega^*$ を考えると，もし Γ_0 で $\frac{\partial \omega}{\partial \nu} = 0$ ならば Γ_0 上で $dw = d\omega + id\omega^* = 0$ となり w は Γ_0 上で定数である．V に含まれる Γ_0 の各点の近傍 U で w は正則ゆえ，一致の定理により，w は U 上で定数となる．従ってその実部 ω も定数となり，$\omega(z) \equiv 0$ が成立する．逆に $\omega(z) \equiv 0$ ならば明らかに Γ_0 上で $\frac{\partial \omega}{\partial \nu} = 0$ である． □

3.3　複素解析における基礎定理の拡張

調和測度 0 の概念を用いて，複素解析における二，三の基礎定理の拡張を示そう．

定理 2（最大値の原理の拡張）　$u(z)$ は有界領域 G で上方有界な調和関数とし，G の境界 Γ 上の調和測度 0 の（コンパクト）集合 E を除く Γ の各点 ζ で

$$\varlimsup_{z \to \zeta} u(z) \leq M \; (< \infty), \qquad \zeta \in \Gamma - E \tag{5}$$

ならば，$z \in G$ に対して $u(z) \leq M$ である．特に $u(z)$ が定数でなければ，$z \in G$ に対して $u(z) < M$.

（証明）　E の補集合で，$\{\infty\}$ を含む領域 D の近似列 $\{D_n\}$ をとる．その際 D_1 は G の外部にあるとしてよい．Γ_n を D_n の境界とするとき，仮定より，$\omega_n = \omega(z, \Gamma_n, D_n - \overline{D_1})$ について，

$$0 = \omega(z, E) = \lim_{n \to \infty} \omega_n(z).$$

さて領域 $G_n \equiv G \cap (D_n - \overline{D}_1) = G \cap D_n$ で調和な次の関数を考える;

$$v_n(z) = u(z) - (T - M)\omega_n(z),$$

但し $S = \sup_{z \in G} u(z) < \infty$, $T = \max(S, M)$ とする. このとき

$$v_n(z) \leq M, \qquad z \in G_n \tag{6}$$

を示すことができる. この証明はあとにして, この事実を使うと, G の任意の点 z_0 に対して n が十分大ならば $z_0 \in G_n$ で

$$u(z_0) = v_n(z_0) + (T - M)\omega_n(z_0) \leq M + (T - M)\omega_n(z_0).$$

$n \to \infty$ とすれば $\omega_n(z_0) \to 0$ ゆえ $u(z_0) \leq M$ となり証明が終わる.

最後に残された (6) を示しておこう. G_n の境界は $\Gamma_n \cap G$ と $\Gamma \cap D_n$ からなる. $\zeta \in \Gamma_n \cap G$ では

$$\lim_{z \to \zeta} \omega_n(z) = 1, \qquad z \in G_n$$

ゆえ

$$\varlimsup_{z \to \zeta} v_n(\zeta) \leq S - (T - M) \leq M.$$

$\zeta \in \Gamma \cap D_n$ では $0 < \omega_n \leq 1$ 及び (5) より

$$\varlimsup_{z \to \zeta} v_n(z) \leq M, \qquad z \in G_n.$$

従って, 最大値の原理により $z \in G_n$ に対して $v_n(z) \leq M$ である. □

[注意] 上の定理は, その除外集合 E の調和測度が正の場合は成立するとは限らない. 実際, その場合は $u(z) = \omega(z, E)$ が反例を与える. 次の定理についても同様である.

定理3（除去可能性定理） D は調和測度 0 のコンパクト集合 E を含む有界領域とし, $u(z)$ は $D - E$ で有界な調和関数とすれば $u(z)$ は E 上へ調和接続される.

（証明） D は E の近傍であればよいから最初から D の境界 Γ はジョルダン曲線としてよく，また $u(z)$ は Γ 上でも調和，従って連続としてよい．このとき Γ 上で連続な境界値 $u(\zeta)$ をもつ D 上のディリクレ問題の解 $v(z)$ が存在する．$u(z) - v(z)$ は $D - E$ で有界かつ調和であり，Γ 上で 0 である．よって前定理により

$$u(z) \leq v(z), \qquad z \in D - E.$$

同様に $v(z) - u(z)$ を考えると $v(z) \leq u(z)$ が従い，ゆえに $u(z) = v(z)$ が成立する．すなわち $u(z)$ は $v(z)$ によって E 上へ調和関数として延長される．　　　　　　　　　　　　　　　　　　　　　　　　　　$\square$

　一般に調和測度 0 のコンパクト集合 E の補集合は $\{\infty\}$ を含む唯一つの成分からなることに注意すれば，定理 3 を用いて次の正則関数に対する除去可能性定理の拡張を得る．なお，E が一点（孤立点）の場合がリーマンの除去可能性定理である．

定理 4　D は調和測度 0 のコンパクト集合 E を含む領域とし，$f(z)$ は $D - E$ で有界な正則関数とすれば $f(z)$ は E 上へ解析接続される．

（証明）　$f(z) = u(z) + iv(z)$ とする．D の境界 C はジョルダン曲線，$f(z)$ は $D \cup C$ 上で正則としてよい．さらに D は単連結と仮定してよい．実際，E の調和測度を定める近似列 $\{D_n\}$ をとるとき，n が十分大ならば D_n の閉包の補集合 D_n' は E を含みかつ D に含まれる．このとき D_n の（D 内にある）有限個の境界を D_n 内の互いに素な曲線 $\{\gamma_i\}$ で次々に結び，さらに各 γ_i からの距離が十分小さい点からなる D に含まれる帯状領域 $[\gamma_i]$ も互いに素にとり，D_n' と $\cup_i [\gamma_i]$ の合併を改めて D としておけばよい．

　さて $u(z)$ は $D - E$ で有界な調和関数ゆえ定理 3 により E 上へ，従って D 上の調和関数とに延長されるので，その関数を $u_1(z)$ とする．次に 1.1 節の定理 1 により $u_1(z)$ を実部にもつ D 上の正則関数 $f_1(z) = u_1(z) + iv_1(z)$ を考える．D は単連結としたゆえ $f_1(z)$ は定数（純虚数）を除いて一意的に定まり，$z \in D - E$ に対して $\mathrm{Re}(f(z) - f_1(z)) = 0$ である．従ってコーシー・リーマンの関係から虚部 $v(z) - v_1(z)$ は定数ゆえ，$D - E$ の一点 z_0

で $v(z_0) = v_1(z_0)$ なるようにこの定数をとっておけば，$z \in D - E$ に対して $v(z) = v_1(z)$ が成立する．以上から $f(z)$ は $f_1(z)$ によって E 上に解析接続されることがわかる． $\square$

　最後に**リウビルの定理** "全平面で正則な関数が有界ならば定数である" の拡張について述べる．

定理5　$w = f(z)$ は調和測度 0 の集合 E の外部 D で正則な関数とする．もし $f(z)$ が正則点において w–平面上の調和測度が正のある集合 F の値をとらないならば，$f(z)$ は定数である．

（証明）　背理法により $f(z)$ が定数でないとして矛盾を導く．正則となる点では f は $\{\infty\}$ もとらないので，$F \cup \{\infty\}$ を改めて F とする．w–平面で f による D の像 $f(D)$ に含まれる小円板 $K = \{|w - w_0| \leq \rho\}$ をとり，その逆像を $K_0 \ (= f^{-1}(K))$ とする．次に一次変換

$$\zeta = g(w) = 1/(w - w_0)$$

を考え，$\Delta \equiv g(K) = \{\zeta \mid |\zeta| > 1/\rho\}$ とする．定め方から F は K の外部にあり，$F^* \equiv g(F)$ とすると

$$F^* \subset \left\{ \zeta \ \middle| \ |\zeta| < \frac{1}{\rho} \right\}.$$

g は 1 次変換ゆえ F^* の調和測度 $\omega^* = \omega^*(\zeta)$ は正である．その際 ω^* を定める近似列 $\{D_n\}$ において，D_1 としてこの Δ をとることができる．このとき合成関数 $\omega^* \circ g \circ f$ は K_0 の境界上で 0 であることに注意する．

　次に z_0 を K_0 の内点とし，$\xi = h(z) = 1/(z - z_0)$ とすると

$$G \equiv h(D - K_0)$$

は有界領域であり，$h(E)$ の調和測度は 0 である．このとき合成関数

$$\Omega(\xi) = \omega^* \circ g \circ f \circ h^{-1}(\xi)$$

を考えると，$\Omega(\xi)$ は G で有界 $(0 \leq \Omega(\xi) \leq 1)$ な調和関数で，G の境界上で調和測度 0 の集合 $h(E)$ を除いて 0 である．よって定理2により $\Omega(\xi) \leq 0$ となり，$\Omega(\xi) \equiv 0$ が従い，f は定数となる．これは矛盾である． $\square$

第4章
グリーン関数とポテンシャル

4.1 グリーン関数

グリーン関数の諸事項については周知であろうが，本章の理解を助ける便宜上，その定義と基本的性質を記しておく．ここでは D は z–平面で有限個のジョルダン曲線で囲まれた領域とする．また，領域 D の境界を Γ と表す．D の一点 z_0 を極にもつ D のグリーン関数 $g(z, z_0)$ とは次の 2 つの性質をもつ関数である：

(i)　$g(z, z_0)$ は $D - \{z_0\}$ で調和であり，z_0 の近傍で

$$g(z, z_0) = \log \frac{1}{|z - z_0|} + u(z) \tag{1}$$

　　という形をもつ．但し $u(z)$ は z_0 の近傍のある調和関数である．

(ii)　境界 Γ の各点 ζ に対して，$z \to \zeta$ のとき

$$g(z, z_0) \to 0 \qquad (z \in D).$$

なお，D が無限遠点 $\{\infty\}$ を含む領域のとき，$\{\infty\}$ を極にもつグリーン関数 $g(z, \infty)$ は，(1) の代わりに $\{\infty\}$ の近傍で

$$g(z, \infty) = \log |z| + u(z) \tag{2}$$

という形をもち，かつ (ii) を満たすものとして定義する．

さて D が有界なときは，$z_0 \in D$ を極にもつグリーン関数の存在は Γ 上の連続関数 $f(\zeta) = \log |\zeta - z_0|$ を境界値にもつディリクレ問題の解を $u(z)$ とすれば，明らかに

$$g(z, z_0) = \log \frac{1}{|z - z_0|} + u(z)$$

で与えられることからわかる. D が有界でないときは，適当な等角写像で D を有界領域に移せば $g(z,\infty)$ の存在もわかる.

例 D が円板 $\{|z| < R\}$ のとき $z_0 \in D$ を極にもつ D のグリーン関数は

$$g(z, z_0) = \log \left| \frac{R^2 - \overline{z}_0 z}{R(z - z_0)} \right| \qquad z_0 \in D \tag{3}$$

である. 周知のように $w = R(z - z_0)/(R^2 - \overline{z}_0 z)$ は z_0 を $w = 0$ へ，円板 $\{|z| < R\}$ を $\{|w| < 1\}$ に写像する一次変換である.

グリーン関数の基本的性質をあげる：

(i) $z \in D$ に対して $g(z, z_0) > 0$. （但し，$z = z_0$ では $+\infty$.）（正値性）

(ii) Γ が（区分的に）滑らかであるとき，D の任意の二点 ζ, z に対して

$$g(z, \zeta) = g(\zeta, z) \qquad \text{（対称性）} \tag{4}$$

である. これは $\zeta = \infty$ のときも正しい.

証明は省略するが，(i) は最小値の原理から，(ii) はグリーンの公式から容易にわかる.

定理1 領域 D は有界でその境界 Γ は解析曲線とする. $u(z)$ が D で調和であって，$D \cup \Gamma$ で連続ならば，$z \in D$ に対して

$$\begin{aligned} u(z) &= \frac{1}{2\pi} \int_\Gamma u(\zeta) \frac{\partial g(\zeta, z)}{\partial \nu} \, ds \\ &= \frac{-1}{2\pi} \int_\Gamma u(\zeta) \, dg^*(\zeta, z). \end{aligned} \tag{5}$$

但し積分路は D に関して正の方向，$\frac{\partial}{\partial \nu}$ は Γ 上の内法線方向の微分，$g^*(w, z)$ は $g(w, z)$ の変数 w の関数としての共役調和関数である[1]. 特に $u(z) \equiv 1$ とすれば

$$\frac{1}{2\pi} \int_\Gamma dg^*(\zeta, z) = -1 \qquad z \in D. \tag{6}$$

---

[1] 第2章2.4節の例2参照.

(証明の概要) D の点 ξ を任意にとって固定し, ξ の ε-近傍 $U_\varepsilon \subset D$ をとる. $D - U_\varepsilon$ で調和な関数 $u(\zeta)$ と $g(\zeta, \xi)$ に対してグリーンの公式 (2.4 節 (14) 参照) を用いる. Γ 上では $g = 0$ であり, U_ε では (1) によって計算し $\varepsilon \to 0$ とすればよい. 最後に ξ を z と書きかえると (5) を得る. $\qquad\square$

[注意] コーシーの積分公式は正則関数をその境界値で表現するのに特異点 (極) をもつ関数 $1/(\zeta - z)$ を用いたところが非凡であるが, 同じように定理 1 では調和関数を表現するのに (対数的) 極をもつグリーン関数を用いていることが注目される. なお $D = \{|z| < 1\}$ のとき

$$g(\zeta, z) = \log\left|\frac{1 - \bar{z}\zeta}{\zeta - z}\right| \qquad (\zeta = \rho e^{i\varphi}, z = r e^{i\theta})$$

であるから,

$$\frac{\partial g(\zeta, z)}{\partial \nu} = -\left.\frac{\partial g(\zeta, z)}{\partial \rho}\right|_{\rho = 1}$$

を利用すれば (5) は単位円板での調和関数のポアッソン積分表示であることが容易にわかる.

　以下では主に無限遠点 $\{\infty\}$ を極にもつグリーン関数 $g(z, \infty)$ を考える. $\{\infty\}$ を含む領域を D とし, (2) の通り, $\{\infty\}$ の近傍における展開

$$g(z, \infty) = \log|z| + u(z)$$

に対して $u(z)$ の定数項

$$\gamma \equiv u(\infty) = \lim_{z \to \infty} (g(z, \infty) - \log|z|)$$

を領域 D の**ロバン定数**, $e^{-\gamma}$ を D の**補集合** E **の容量 (capacity)**[2] といい $C(E)$ または $\mathrm{Cap}(E)$ と書く:

$$C(E) = \mathrm{Cap}(E) \equiv e^{-\gamma}.$$

これはポテンシャル論に深く関わる量である.

ロバン (Gustave Robin) : 1855–1897
[2] 対数容量 (logarithmic capacity) ともいう. 後述.

4.2 一般領域のグリーン関数

　z–平面上のコンパクト集合 E を考え，その補集合で $\{\infty\}$ を含む領域 D において $\{\infty\}$ を極にもつグリーン関数を定義する．このために D の標準近似列 $\{D_n\}:\{\infty\} \subset D_1 \subset D_2 \subset \cdots$ をとる．D_n の境界 Γ_n は解析曲線からなるものとするので，D_n 上のグリーン関数 $g_n(z,\infty)$ が存在し，$\{\infty\}$ の近傍では $\{\infty\}$ の近傍で調和な u_n を用いて

$$g_n(z,\infty) = \log|z| + u_n(z)$$

と書ける．さて $g_{n+1}(z,\infty) - g_n(z,\infty)$ は D_n において調和であり，Γ_n 上で $g_n = 0$ かつ $g_{n+1} > 0$（4.1(i) の正値性）であるから，最小値の原理により $z \in D_n$ に対して $g_n(z,\infty) \leq g_{n+1}(z,\infty)$．よって $z \in D$ について極限関数

$$g(z,\infty) \equiv \lim_{n\to\infty} g_n(z,\infty)$$

は存在し，またその収束は D で広義一様であるので，ハルナックの定理から $g(z,\infty)$ は D で調和であるか，または $g(z,\infty) \equiv \infty$ である．この $g(z,\infty)$ を D の**グリーン関数**という．$g(z,\infty) \not\equiv \infty$ ならば $\{\infty\}$ の近傍で

$$g(z,\infty) = \log|z| + u(z)$$

と書ける．ここに

$$u(z) = \lim_{n\to\infty} u_n(z) = \lim_{n\to\infty}(g_n(z,\infty) - \log|z|)$$

は $\{\infty\}$ の近傍で調和である．明らかに $\gamma_n = u_n(\infty)$ は n と共に単調増大し極限値 $u(\infty) \equiv \gamma$ をもつ：

$$\gamma(E) = \gamma = \lim \gamma_n.$$

この極限値を D の**ロバン定数**，$e^{-\gamma}$ をコンパクト集合 E の **（対数）容量**といい

$$C(E) = \mathrm{Cap}(E) = e^{-\gamma(E)} \tag{7}$$

と書くと，$C(E) > 0$ である．また E' を領域 D の補集合とすると，E' は E を含むコンパクト集合であるが，定義からつねに $C(E) = C(E')$ であることがわかる．

例 1 $E = \{|z| = R\}$ のとき $E' = \{|z| \leq R\}$ であり,

$$C(E) = C(E') = R.$$

実際, $\{\infty\}$ を極にもつ $D = \{|z| > R\}$ のグリーン関数は

$$g(z, \infty) = \log|z| - \log R$$

ゆえ

$$\gamma = -\log R, \quad C(E) = R.$$

さて $g(z, \infty) \equiv \infty$ のとき, $u_n(z) \to \infty \; (n \to \infty)$ ゆえ $\gamma = \infty$ であり, $C(E) = 0$ と定めることにする[3]. 逆も明らかである. このようなとき D は**グリーン関数をもたない**, あるいは D のグリーン関数は**存在しない**という. この性質が近似列 $\{D_n\}$ のとり方によらないことも容易にわかる.

次の結果は 1 つのハイライトであろう.

定理 2 平面上のコンパクト集合 E と, その補集合で $\{\infty\}$ を含む領域 D に対して, 次の 3 つの命題は同値である:

1) D のグリーン関数が存在する.
2) E の調和測度は正である.
3) $\mathrm{Cap}(E) > 0$.

いいかえると, 「D のグリーン関数が存在しない」ことと 「E の調和測度が 0 である」ことと「$\mathrm{Cap}(E) = 0$」であることが互いに同値である. このような (グリーン関数をもたない) 領域 D は**放物的**であるといい, そうでないときを**双曲的**という. なお, あとで注意するとおり, グリーン関数の存在, 非存在は極の位置とは無関係である.

(証明) 定義を考えると 1), 3) が同値であることは明らかゆえ, 2), 3) が同値であることを示せばよい. $\{D_n\}_{n=0}^{\infty}$ を D の標準近似列とする[4]. 調和測

---

[3] この場合も含めると, コンパクト集合 E に対して $C(E) \geq 0$ となる.

[4] 標準近似列では領域 D_n の境界 Γ_n は解析曲線を仮定している.

度 $\omega_n = \omega(z, \Gamma_n, D_n - \overline{D}_0)$ と D_n のグリーン関数 $g_n = g_n(z, \infty)$ に対して
グリーンの公式を使うと[5]，

$$\int_{\Gamma_0} g_n \frac{\partial \omega_n}{\partial \nu} \, ds = \int_{\Gamma_n} \frac{\partial g_n}{\partial \nu} \, ds. \tag{8}$$

但し，$\frac{\partial}{\partial \nu}$ は領域 $D_n - \overline{D}_0$ に対しての内法線微分で，積分路はこの領域に関
して正の方向にとっている.

先ず右辺の積分が n に無関係に 2π に等しいことを示す. そのために R を
十分大にとり，$D(R) = \{|z| > R\} \subset D_0$ とし，$\Gamma(R) = \{|z| = R\}$ とする.
g_n は $D_n - \overline{D(R)}$ で調和ゆえ (8) の右辺の積分 I は，境界上の内法線微分と
積分方向に注意して，2.4節の (15) より

$$I = -\int_{\Gamma(R)} \frac{\partial g_n}{\partial \nu} \, ds$$

となる. R が十分大ならばグリーン関数 g_n は $D(R) \cup \Gamma(R)$ で展開

$$g_n(z) = \log|z| + u_n(z)$$

をもつとしてよく，u_n の調和性から

$$\int_{\Gamma(R)} \frac{\partial u_n}{\partial \nu} \, ds = 0$$

である. 従って

$$I = \int_0^{2\pi} \left(\frac{\partial}{\partial r}(\log r) \right)\Big|_{r=R} R \, d\theta = 2\pi.$$

次に左辺をしらべる. Γ_0 上では

$$g_n > 0, \quad \frac{\partial \omega_n}{\partial \nu} \geq 0$$

で，3.2節の (2) で定めた d_n は

$$d_n = \int_{\Gamma_0} \frac{\partial \omega_n}{\partial \nu} \, ds > 0$$

---

[5] 2.4節 (14) を参照

となり，また積分の平均値の定理から

$$\int_{\Gamma_0} g_n \frac{\partial \omega_n}{\partial \nu} \, ds = g_n(z_n, \infty) \, d_n$$

となる点 $z_n \in \Gamma_0$ が存在する．$\{z_n\}$ の集積点 $z_0 \in \Gamma_0$ を1つとり，番号 n をつけ直して $z_n \to z_0$ となるようにしておくと

$$g_n(z_n, \infty) \, d_n = 2\pi, \qquad (n = 1, 2, \ldots).$$

これより $d = 0$ となることと $g(z_0, \infty) = \infty$，すなわち $g(z, \infty) \equiv \infty$ が同値であることがわかり，3.2節の補題1から結論を得る． $\square$

[注意]　グリーン関数は等角不変である．すなわち w–平面上の領域 D_w の一点 w_0 を極にもつ D_w のグリーン関数 $g(w, w_0)$ に対して，$w = f(z)$ を z–平面上の領域 D_z から D_w への等角写像で $w_0 = f(z_0)$，$z_0 \in D_z$ とするとき，$g(f(z), f(z_0))$ は z_0 を極にもつ D_z のグリーン関数 $g(z, z_0)$ になる．しかしそのロバン定数，従って容量が等角不変とは限らないことを注意する．実際，$z_0 = w_0 = \{\infty\}$ とし，D_z, D_w はそれぞれコンパクト集合 E_z, E_w の補集合で $\{\infty\}$ を含む領域とし，γ_z, γ_w をそれぞれのロバン定数とすると

$$\gamma_z = \gamma_w + \log|f'(\infty)|, \quad \mathrm{Cap}(E_w) = |f'(\infty)|\,\mathrm{Cap}(E_z) \tag{9}$$

である．但し $f'(\infty) \equiv \lim_{z \to \infty}(f(z)/z) \, (\neq 0, \infty)$.
　実際，

$$\begin{aligned}
\gamma_w &= \lim_{w \to \infty} (g(w, \infty) - \log|w|) \\
&= \lim_{z \to \infty} (g(f(z), \infty) - \log|f(z)|/z - \log|z|) \\
&= \gamma_z - \log|f'(\infty)|.
\end{aligned}$$

例 2　一次変換 $w = f(z) = az + b$ によって $D_z \to D_w$ のとき

$$\mathrm{Cap}(E_w) = |a|\,\mathrm{Cap}\,E_z.$$

例 3　長さ L の線分 S の容量は

$$\mathrm{Cap}(S) = L/4.$$

実際，a, b を適当にとると，線分 S は $w = az + b$ によって実軸上の線分 $[-L/2, L/2]$ に写像されるが，$|w'(\infty)| = 1$ ゆえ容量は不変であり，従って最初から $S = [-L/2, L/2]$ としてよい．w–平面上で S の補集合を D_w とするとき，周知のように[6]

$$w = f(z) = \frac{L}{4}\left(z + \frac{1}{z}\right)$$

は $D_z = \{|z| > 1\}$ を D_w へ等角写像する．$|f'(\infty)| = L/4$ であり，また例 1 から $\mathrm{Cap}(E_z) = 1$ ゆえ，(9) により結論を得る．

例 4　単位円周上の長さ α の弧 E の容量は

$$\mathrm{Cap}(E) = \sin\frac{\alpha}{4}$$

である．（詳細は 4.5 節の補遺参照のこと．）

4.3　対数ポテンシャルと容量

容量あるいはロバン定数の概念は，ポテンシャルの問題に由来する．これについて少しふれておこう．

E は z 平面上の有界集合とし，E 上の正の（質量）分布 $d\mu$ に対して

$$p^\mu(z) = \int_E \log\frac{1}{|\zeta - z|}\,d\mu(\zeta), \qquad \int_E d\mu = 1$$

を μ の **（対数）ポテンシャル**という．$p^\mu(z)$ は E の外部で調和であり，$\{\infty\}$ の近傍では

$$p^\mu(z) = \log\frac{1}{|z|} + O\left(\frac{1}{z}\right)$$

で，全 z–平面では優調和である．これに対して

　"E 上の質量分布でそれによるポテンシャル p^μ が E 上で定数となるものが存在するか？"

---

[6] $f(z)$ はジューコフスキー (Joukowski) 変換（の $L/2$ 倍）．

というのが**ロバンの問題**（1886 年）といわれるもので，この問題設定は 1811 年のポアッソンに遡る．ここでは E がある典型的な場合についてこの問題の解 p^μ を示し，その E 上の値がロバン定数 γ であることを見よう．

　具体的には，E を有界閉集合（コンパクト集合）とし，E の補集合で $\{\infty\}$ を含む領域を D，D の境界を Γ するときに Γ は高々有限個の解析曲線からなるものと仮定し，

$$E = D \text{ の補集合　かつ　} E \supset \Gamma$$

という場合を考える．さて $z \in D$ を任意に固定し，$\zeta \in D$ に対して

$$u(\zeta, z) = g(\zeta, z) - g(\zeta, \infty) + \log|\zeta - z| \tag{10}$$

とおく．ここに g は D のグリーン関数である．右辺の関数の点 z 及び $\{\infty\}$ における極は消しあって $u(\zeta, z)$ は ζ について $\{\infty\}$ を含めて D で調和であり，Γ 上では $g(\zeta, z) = g(\zeta, \infty) = 0$ ゆえ，グリーンの公式を用いて

$$u(\zeta, z) = \frac{1}{2\pi} \int_\Gamma u(\xi, z) \frac{\partial g(\xi, \zeta)}{\partial \nu} \, ds$$
$$= \frac{1}{2\pi} \int_\Gamma \log|\xi - z| \, dh(\xi, \zeta) \tag{11}$$

となる，但し h は $-g$ の共役調和関数であり，積分は D に関して正の方向である．ここでで $\zeta \to \infty$ とすると，対称性 $g(\infty, z) = g(z, \infty)$ 及び $g(\zeta, \infty)$ の $\{\infty\}$ の近傍での展開から

$$g(z, \infty) - \gamma = \frac{1}{2\pi} \int_\Gamma \log|\xi - z| \, dh(\xi, \infty) \tag{12}$$

を得る．但し γ は D のロバン定数である．また

$$\int_\Gamma dh(\xi, \infty) = 2\pi^{7)}$$

であり，$d\mu^* = dh/2\pi$ と定めると，これは Γ 上全質量 1 の正の分布である．そして (12) は $z \in D$ について

$$p^{\mu^*}(z) = -g(z, \infty) + \gamma \tag{13}$$

---

7) (6) の計算参照.

と書かれる．D では $g(z, \infty) > 0$ ゆえ

$$p^{\mu^*}(z) < \gamma \qquad z \in D.$$

次に $D \cup \Gamma$ の補集合 D' が空集合でない場合，D'（の各連結成分）で z を固定し，(10) の代わりに

$$u(\zeta, z) = -g(\zeta, \infty) + \log |\zeta - z|$$

を考えると，u は $\zeta \in D$ で調和ゆえ (11) がこの u に対して成立する．ここで $\zeta \to \infty$ とすると

$$-\gamma = \frac{1}{2\pi} \int_\Gamma \log |\xi - z| \, dh(\xi, \infty),$$

すなわち $z \in D'$ について $p^{\mu^*}(z) = \gamma$ となる．さらに $p^{\mu^*}(z)$ はこの場合 Γ の各点で連続であることが示されるので[8] (13) において z を E の各点に近ずけると $g(z, \infty) \to 0$ ゆえ，$z \in \Gamma$ 従って $z \in E = \Gamma - D'$ について

$$p^{\mu^*}(z) = \gamma$$

が成立し，ロバンの問題の解が得られたことになる．

E が一般的なコンパクト集合の場合は，例えば E が孤立点を含む場合等，E 上例外なく定数になるポテンシャルが存在するとは限らない．

[注意] E が一般なコンパクト集合の場合に対しても，ロバン定数はあるポテンシャルと同様な関係をもつ．これについて簡略に付記しておく．

E は z 平面上のコンパクト集合で $\mathrm{Cap}(E) > 0$ とする．E の補集合で $\{\infty\}$ を含む領域を D とし，D の標準近似列 $\{D_n\}$ をとる．各 D_n におけるグリーン関数 $g_n(z, \infty)$ 及び D_n のロバン定数 γ_n に対して (13) から

$$p^{\mu_n^*}(z) = -g_n(z, \infty) + \gamma_n, \qquad z \in D_n \tag{14}$$

---

[8] 一般に，E 上の質量分布によるポテンシャルが点 $z_0 \in E$ で E 上連続ならば z–平面上の各点 z_0 で連続である（連続性原理）ので，ここでは p^{μ^*} が Γ 上で連続であることを示せばよい．詳細は 4.6 節の補遺を参照のこと．

となる質量分布

$$d\mu_n^* = \frac{1}{2\pi} dh_n^*, \quad \int_{\Gamma_n} d\mu_n^* = 1$$

がある．但し Γ_n は D_n の境界である．ここで全質量 1 の分布（測度）の列 $\{\mu_n^*\}$ に対して「選出定理」を使えば，ある分布 μ^* に収束する分布（部分）列があって，その番号をつけ直してこの収束列を改めて $\{\mu_n^*\}$ と書くと，任意の連続関数 f に対して

$$\int f\, d\mu_n^* \to \int f\, d\mu^* \quad (n \to \infty).$$

さて D の任意の点 z を固定するとき，十分大なる n について $z \in D_n$ で $\log(1/|z-\zeta|)$ は $D_n \cup \Gamma_n$ の補集合 D_n' $(\supset E)$ で ζ について連続であり，μ_n 及び μ が D_n' 上の分布であることに注意すれば，容易に

$$p^{\mu_n^*}(z) \to p^{\mu^*}(z), \quad z \in D$$

がわかる．従って (14) で $n \to \infty$ とすれば

$$p^{\mu^*}(z) = -g(z,\infty) + \gamma, \quad z \in D$$

が成立する．ここで $0 < g(z,\infty) < \infty$，及び $\inf_{z \in D} g(z,\infty) = 0$ であることに注意すれば

$$p^{\mu^*}(z) < \gamma, \quad z \in D \tag{15}$$

であり，

$$\sup_{z \in D} p^{\mu^*}(z) = \gamma$$

が従う．

次に z が D の補集合 D' の点のとき，$p^{\mu^*} \le \gamma$ が示されることにふれておく．$z \in D'$ を固定し

$$f(\zeta) = \log \frac{1}{|\zeta - z|}$$

に対して

$$f_m(\zeta) = \min(f(\zeta), m) \qquad (m = 1, 2, \ldots)$$

とすると, f_m は連続であり

$$\int f_m \, d\mu^* = \lim_{n \to \infty} \int f_m \, d\mu_n^*$$
$$\leq \lim_{n \to \infty} \int f d\mu_n^* \leq \lim_{n \to \infty} \gamma_n = \gamma.$$

また $f_m \uparrow f$ ゆえ

$$\int f \, d\mu^* \leq \underline{\lim} \int f_m \, d\mu^* \leq \gamma.$$

従って $z \in D'$ に対して $p^{\mu^*}(z) \leq \gamma$ であり, (14) と併せて

$$\sup_{|z| < \infty} p^{\mu^*}(z) = \gamma \tag{16}$$

となる分布 μ^* によるポテンシャルが存在することがわかる. さらに次の定理が成立する.

定理3 E はコンパクト集合で $\mathrm{Cap}(E) > 0$ とする. E 上の全質量が1の分布 μ によるポテンシャル $p^\mu(z)$ に対して

$$V^\mu = \sup_{|z| < \infty} p^\mu(z), \quad V(E) = \inf_\mu V^\mu$$

とするとき, $V^{\mu^*} = \gamma$ となる E 上の分布 μ^* が存在し

$$\gamma = V(E)^{9)} \tag{17}$$

が成り立つ. 但し γ は E の補集合で $\{\infty\}$ を含む領域 D のロバン定数である.

(証明) (16) より $V^{\mu^*} = \gamma < \infty$. ゆえに $V(E) \leq \gamma$. この逆の不等号を示すために, $V^\mu < \infty$ である任意の μ をとる. このとき $V^\mu - p^\mu(z)$ は D で調

---

9) (17) は $\mathrm{Cap}(E) = e^{-V(E)} = e^{-\gamma}$ と同値.

和であって非負であり，$\{\infty\}$ の近傍では

$$p^\mu(z) = \int_E \log\left(\frac{1}{|\zeta - z|}\right) d\mu(\zeta) = -\log|z| + O\left(\frac{1}{z}\right).$$

ゆえに D の標準近傍列 $\{D_n\}$ に対して，$V^\mu - p^\mu(z) - g_n(z, \infty)$ は D_n で調和であり，D_n の境界 Γ_n 上で非負となる．よって最小値の原理により $z \in D_n$ に対して

$$V^\mu - p^\mu(z) - g_n(z, \infty) \geq 0.$$

仮定により $\mathrm{Cap}(E) > 0$ ゆえ $\lim g_n(z, \infty) = g(z, \infty) \not\equiv \infty$ であり，従って

$$V^\mu - p^\mu(z) - g(z, \infty) \geq 0, \qquad z \in D.$$

ここで $z \to \infty$ とすると，$\{\infty\}$ の近傍での展開から $\gamma \leq V^\mu$ であることがわかる．よって $\gamma \leq V(E)$ が示され，$\gamma = V(E)$ が成立する． $\square$

4.4 補遺：容量に関連した量

1) チェビシェフ定数

E は z–平面上のコンパクト集合で，特に断らない限り有限集合ではないとする．最高次の係数が 1 である n 次多項式の全体を P_n とし，$p(z) \in P_n$ に対して

$$M(p, E) \equiv \max_{z \in E} |p(z)|$$

とし，この最大値の P_n における下限を

$$M_n = M_n(E) \equiv \inf_{p \in P_n} M(p, E)$$

とするとき，$M(t_n, E) = M_n$ となる多項式 $t_n(z) \in P_n$ が存在する．実際，$p_0(z) \equiv z^n \in P_n$ に対して，定義から，$M_n \leq M(p_0, E)$ である．ここでもし等号が成立すれば $t_n = p_0$ とすればよい．そうでないとき，$M(p_k, E) \to M_n$ である $p_k \in P_n$ $(k = 1, 2, \ldots)$ をとると，k が十分大ならば

$$M_n \leq M(p_k, E) < M(p_0, E)$$

チェビシェフ (Pafnutiĭ L'vovich Chebyshev)：1821–1894

である．ここで，E を含む円板 $K = \{|z| < R\}$ をとると $M(p_k, E) < R^n$ ゆえ，p_k の係数は一様有界であることがわかる[10]．従って適当な部分列をとれば $\{p_k(z)\}$ はある多項式

$$t_n(z) = z^n + a_1 z^{n-1} + \cdots + a_n \in P_n$$

に E 上で一様収束し，この t_n は $M(t_n, E) = M_n$ を満たすことががわかる．なお，この $t_n(z)$ を n 次の**チェビシェフの多項式**という．

定理4（フェケテ）　平面上のコンパクト集合 E に対して

$$\tau_n = \tau_n(E) = M_n(E)^{\frac{1}{n}}$$

とおくとき，$\{\tau_n\}$ は収束する．

（証明）　$\tau_n \leq R$ となる正数 R をとる．いま

$$\varliminf_{n\to\infty} \tau_n = \alpha, \quad \varlimsup_{n\to\infty} \tau_n = \beta \ (< \infty)$$

とおき $\beta \leq \alpha$ を示せばよい．任意の $\varepsilon > 0$ に対して $\tau_n < \alpha + \varepsilon$ となる n をとると

$$|t_n(z)| < (\alpha + \varepsilon)^n \qquad z \in E.$$

次に $\tau_{n_\nu} \to \beta$ となる数列 $\{n_\nu\}$ をとり，上に定めた n に対して正の整数 m_ν と k_ν をとって

$$n_\nu = m_\nu n + k_\nu \qquad (0 \leq k_\nu < n)$$

と表すことにすると，

$$|t_n(z)^{m_\nu}| \leq (\alpha + \varepsilon)^{nm_\nu} \qquad z \in E$$

であり $z^{k_\nu} t_n(z)^{m_\nu} \in P_{nm_\nu + k_\nu}$ ゆえ

$$M_{nm_\nu + k_\nu} \leq R^{k_\nu} (\alpha + \varepsilon)^{nm_\nu}.$$

フェケテ (Michael Fekete)：1886–1957

[10] 例えば，コーシーの係数評価を用いれば，容易にわかる．

すなわち

$$\tau_{n_\nu} \leq R^{\frac{k_\nu}{n_\nu}} (\alpha + \varepsilon)^{\frac{n m_\nu}{n_\nu}}.$$

ここで $n_\nu \to \infty$ とすれば $\beta \leq \alpha + \varepsilon$ であり，ε が任意であることから $\beta \leq \alpha$ が従う． $\qquad \square$

定理 4 から

$$\tau = \tau(E) = \lim_{n \to \infty} \tau_n(E)$$

を定め，これをコンパクト集合 E に対する**チェビシェフ定数 (Chebyshev constant)** という．

上の P_n の代わりに E 上にのみ零点をもつ n 次多項式 $p^*(z) = z^n + \cdots$ の全体を P_n^* とするとき，上と同様にして，$\max_{z \in E} |p^*(z)|$ を最小にする多項式 $t_n^*(z) \in P_n^*$ が存在する． $t_n^*(z)$ も E に対する**チェビシェフの多項式**という．また対応する数 τ_n^* の極限値

$$\tau^* = \tau^*(E) = \lim \tau_n^*$$

も存在する．なお E が有限集合のときは $\tau(E) = \tau^*(E) = 0$ とする．

2) 超越直径

コンパクト集合 E 上の n 個の点 $z_1, \ldots, z_n$ に対して $n(n-1)/2$ 個の積

$$V(z_1, \ldots, z_n) = \prod_{i < j} (z_i - z_j), \qquad i, j = 1, \ldots, n$$

を考え

$$V_n = V_n(E) = \max_{z_1, \ldots, z_n \in E} |V(z_1, \ldots, z_n)|$$

とおく．$|V(z_1, \ldots, z_n)|$ は $\mathbb{C}^n$ 上のコンパクト集合 $E \times \cdots \times E$ 上の連続関数であるから，その最大値をとる点は存在する．ここで

$$\Delta_n = \Delta_n(E) = V_n^{2/n(n-1)}$$

とおくとき，$\{\Delta_n\}$ は単調減少列である．実際，$V_{n+1} = |V(\zeta_1, \ldots, \zeta_{n+1})|$ となる点 $\zeta_1, \ldots, \zeta_{n+1} \in E$ をとると

$$V(\zeta_1, \ldots, \zeta_{n+1}) = \prod_{i=2}^{n+1} (\zeta_1 - \zeta_i) V_n(\zeta_2, \ldots, \zeta_{n+1})$$

ゆえ

$$V_{n+1} \leq \left(\prod_{i \neq 1} |\zeta_1 - \zeta_i| \right) V_n.$$

同様に $V_{n+1} \leq (\prod_{i \neq 2} |\zeta_2 - \zeta_i|) V_n$ 等が成立し，これらの辺々をかけると $V_{n+1}^{n+1} \leq V_{n+1}^2 V_n^{n+1}$，よって $V_{n+1}^{n-1} \leq V_n^{n+1}$ であり $\Delta_{n+1} \leq \Delta_n$. 従って数列 $\{\Delta_n\}$ の極限値が存在するので

$$\Delta = \Delta(E) = \lim_{n \to \infty} \Delta_n(E)$$

と定め，Δ をコンパクト集合 E の**超越直径** (**transfinite diameter**) という（フェケテ）．E が有限集合のときは $\Delta(E) = 0$ とする．

　以上のような諸量に対して次の関係が成り立つ（ここでは証明は省略する．文献 [II, 7], [II, 9] 等を参照のこと）．

定理5　平面上のコンパクト集合 E に対して

$$\mathrm{Cap}(E) = \tau(E) = \tau^*(E) = \Delta(E)$$

が成り立つ．

　なお，ルベーグ測度 $m(E)$ とは

$$\mathrm{Cap}(E) \geq (m(E)/\pi e)^{1/2}$$

という関係も知られている．これより $\mathrm{Cap}(E) = 0$ ならば $m(E) = 0$ である．しかし 3.2 節の例 3（一般化されたカントル集合）のように，この逆は正しくない．

　この定理 5，特にコンパクト集合 E の容量 $\mathrm{Cap}(E)$ と超越直径 $\Delta(E)$ が等しいという性質の 1 つの応用をあげておこう．

$\mathbb{C}$ 上の写像 $\varphi : E \to F\,(= \varphi(E))$ について，定数 $k\,(0 < k \le 1)$ があって

$$|\varphi(z) - \varphi(z')| \le k|z - z'|, \qquad z, z' \in E$$

を満たすとき，φ は**縮小性 (contraction property)** をもつという．このとき φ は連続ゆえコンパクト集合 E に対して F はコンパクト集合であり，定理5 及び超越直径の定義から，容易に

$$\mathrm{Cap}(F) = \mathrm{Cap}(\varphi(E)) \le k\,\mathrm{Cap}(E)$$

であることがわかる．

例 1 コンパクト集合 E の実軸（あるいは虚軸）上への（直交）射影によって写像 φ を定義して $F = \varphi(E)$ とすれば，$\mathrm{Cap}(F) \le \mathrm{Cap}(E)$ である．

実際，例えば実軸への直交射影は $\varphi(z) = \mathrm{Re}\,z$ で与えられ

$$|\varphi(z) - \varphi(z')| = |\mathrm{Re}(z - z')| \le |z - z'|$$

ゆえ，φ は縮小性をもつ．

例 2 C を長さ $L\,(< \infty)$ の曲線とすれば $\mathrm{Cap}(C) \le L/4$．

（証明） C を長さのパラメータ s により $z = \varphi(s)$, $s \in I = [0, L]$ と表わすとき，I の任意の2点 s_1, $s_2\,(> s_1)$ に対して $\varphi(s_1)$ から $\varphi(s_2)$ まで部分弧の長さは $s_2 - s_1$ ゆえ $|\varphi(s_1) - \varphi(s_2)| \le |s_1 - s_2|$，即ち φ は縮小性をもつ．従って $\mathrm{Cap}(C) \le \mathrm{Cap}(L) = L/4^{11)}$． □

4.5　補遺：単位円周上の弧の容量

ここでは文献 [II, 7] を参考に，4.2節の例4の証明を与える．
正数 $\rho > 1$ に対して

$$w = f(z) = \rho z \frac{z + \rho}{\rho z + 1}$$

---

11) 長さ L の線分の容量は $L/4$ である（4.2節の例3）.

は $|z| \geq 1$ で正則であり，単葉 (univalent) である．$|z| > 1$ での上（下）半平面を D_1（及び D_2）とする．D_1 の任意の点 z_1, z_2 に対して $f(z_1) = f(z_2)$ ならば $z_1 = z_2$ であることを示せば，f が D_1 で単葉であることがわかる．いま $f(z_1) = f(z_2)$ とすれば，

$$z_1 = z_2 \quad \text{または} \quad \rho = -\frac{z_1 + z_2}{1 + z_1 z_2}$$

となるが，後者は起こらない．実際，$z_k = x_k + iy_k, r_k = |z_k| \; (k = 1, 2)$ とすると，

$$\mathrm{Im}\left(-\frac{z_1 + z_2}{1 + z_1 z_2}\right) = -\frac{y_1(1 + r_2^2) + y_2(1 + r_1^2)}{\{1 + (x_1 x_2 - y_1 y_2)\}^2 + (x_1 y_2 + x_2 y_1)^2}$$

となり，上半平面の z_1, z_2 に対して

$$\mathrm{Im}\left(-\frac{z_1 + z_2}{1 + z_1 z_2}\right) > 0$$

となり，これは ρ が実数であることと矛盾する．この計算から $z \in D_1$ ならば $I_m(f(z)) > 0$ であることが従い，また実軸上では f は実数値をとり $x > 1$, $x < -1$ でも単葉であることがわかり，鏡像の原理から f は D_2 でも単葉であることがわかる．

次に単位円周の像

$$f(e^{i\theta}) = \rho \frac{e^{i\theta} + \rho}{e^{-i\theta} + \rho}$$

を見ると，$|f(e^{i\theta})| = \rho$, $\arg(f(e^{i\theta})) = 2\arg(e^{i\theta} + \rho)$. よって $0 < \alpha < 2\pi$ なる α に対して

$$\rho = \frac{1}{\sin\frac{\alpha}{4}} \quad (> 1)$$

の場合を考えると，初等幾何的な考察[12] から，θ が $[-\pi/2 - \alpha/4, \pi/2 + \alpha/4]$ を増加しながら動くときは $\arg(e^{i\theta} + \rho)$ は $[-\alpha/4, \alpha/4]$ を増加しながら動く．また残りの区間 $[\pi/2 + \alpha/4, 3\pi/2 - \alpha/4]$ を動くときは，この偏角は

---

[12] 正弦定理を用いても容易にわかる．

$[-\alpha/4, \alpha/4]$ を減少しながら動く．従って $-\alpha/2 \leq 2\arg(e^{i\theta} + \rho) \leq \alpha/2$ ゆえ，f は単位円周 C を $[-\alpha/2, \alpha/2]$ に写し，領域 $D = \{|z| > 1\}$ を

$$\text{円弧 } F_\rho = \left\{ \rho e^{it} \,\Big|\, |t| \leq \frac{\alpha}{2} \right\}, \qquad \text{但し } \rho = \frac{1}{\sin\frac{\alpha}{4}}$$

の補集合 G_ρ に等角写像する．

$\{\infty\}$ の近傍では $f(z)$ は

$$w = f(z) = z + \left(\rho - \frac{1}{\rho}\right) + O\left(\frac{1}{z}\right)$$

ゆえ $|f'(\infty)| = 1$．従って単位円周上の長さ α の（閉）円弧を E とすると

$$\text{Cap}(E) = \frac{1}{\rho} \text{Cap} \, F_\rho$$
$$= \frac{1}{\rho}|f'(\infty)| \text{Cap}(C) = \sin\frac{\alpha}{4}.$$

4.6 補遺：ポテンシャルの連続性

1) 対数ポテンシャル

定理6 平面上の解析曲線 Γ 上の正の質量分布 $d\mu = \rho(\zeta)|d\zeta|$（但し ρ は Γ 上の非負値の連続関数）による対数ポテンシャル

$$p(z) = \int_\Gamma \log\frac{1}{|\zeta - z|} \, d\mu(\zeta)$$

は，Γ 上で連続である．

（証明） (i) Γ 上の点 z_0 の近傍 $\Gamma_0 \subset \Gamma$ をとり，Γ 上の積分を Γ_0 上の積分 $p_0(z)$ と $\Gamma - \Gamma_0$ 上の積分 $p_1(z)$ にわける．$p_1(z)$ は $\Gamma - \Gamma_0$ の外部で調和ゆえもちろん z_0 で連続である．従って $p_0(z)$ が点 z_0 で Γ_0 上連続であることを示せばよい．

(ii) Γ_0 は解析曲線ゆえ，Γ_0 の近傍には等角写像 $z \to w$ が存在して，Γ_0 は $w = x + iy$ 平面上の実軸上の線分 $\gamma_0 = (-1, 1)$ に，点 z_0 は原点に写されるので，初めから $\Gamma_0 = (-1, 1)$, $z_0 = 0$ として考えてもよい．また

$$\rho(\zeta)|d\zeta| = \rho(\zeta(x))\left|\frac{d\zeta}{dx}\right| dx \equiv |\rho^*(x)| \, dx$$

としたとき，(i) より $|x| > 1/2$ では $\rho^*(x) = 0$ としてよい．すなわち ρ^* は $[-1/2, 1/2]$ で連続であって，$0 \le \rho^*(x) \le m \equiv \max_{|x| \le 1/2} \rho^*(x)$ とする．このとき，一様連続性から任意の $\varepsilon > 0$ に対してある $\delta > 0$ $(0 < \delta < 1/4)$ をとると $|x - x'| < \delta$ ならば

$$|\rho^*(x) - \rho^*(x')| < \varepsilon, \qquad x, x' \in \left[-\frac{1}{2}, \frac{1}{2}\right].$$

(iii) 以上から

$$p(x) = \int_{-1/2}^{1/2} \left(\log \frac{1}{|t - x|}\right) \rho^*(t)\, dt$$

に対して，$|x| < \delta$ のとき，ε に無関係な正数 K が存在して

$$|p(x) - p(0)| < K\varepsilon$$

となることを示せばよい．$x > 0$ のとき（$x < 0$ のときも同様．）

$$
\begin{aligned}
p(x) - p(0) = &\int_{-\frac{1}{2}-x}^{-1/2} \left(\log \frac{1}{|t|}\right) \rho^*(t + x)\, dt \\
&+ \int_{-1/2}^{\frac{1}{2}-x} \log \frac{1}{|t|} (\rho^*(t + x) - \rho^*(t))\, dt \\
&- \int_{\frac{1}{2}-x}^{1/2} \left(\log \frac{1}{|t|}\right) \rho^*(t)\, dt \\
\equiv\ & I_1 + I_2 + I_3
\end{aligned}
$$

と I_1, I_2, I_3 に分ける．このとき $|I_1| \le m\delta \log 2$，$|I_3| \le 2m\delta \log 2$，及び

$$|I_2| \le 2\varepsilon \lim_{\sigma \to 0} \int_{\sigma}^{1/2} \log \frac{1}{t}\, dt = \varepsilon(1 + \log 2).$$

よって $0 < \delta' < \min(\varepsilon/m, \delta)$ と δ' をとると，$|x| < \delta'$ のとき $|p(x) - p(0)| < K\varepsilon$．但し $K = 4(1 + \log 2)$ である．　　　　　　　□

2) 連続性原理の証明（4.3 節の脚注 8 参照）

z–平面上のコンパクト集合 E 上の分布測度 μ によるポテンシャル

$$p^\mu(z) = \int_E \log \frac{1}{|z - \zeta|}\, d\mu(\zeta)$$

を考える．但し $\mu(E) = 1$ としておく．先ずこの関数が E の外部で調和で，全平面では優調和であることを示す．

$f(z, \zeta) = \log(1/|z - \zeta|)$ とおく．これは $z \neq \zeta$ で調和，$z = \zeta$ で $+\infty$ である優調和関数であり，

$$f_n(z, \zeta) = \min(f(z, \zeta), n) \qquad (n = 1, 2, \ldots)$$

は (z, ζ) について連続，ζ を固定したとき優調和である．そして

$$p_n^\mu(z) = \int_E f_n(z, \zeta) \, d\mu(\zeta)$$

は連続な優調和関数である．実際，一般に，関数 $f(z, \zeta)$ が (z, ζ) について連続ならば直積空間内のコンパクト集合上で一様連続である．ゆえに

$$\varphi(z) = \int_E f(z, \zeta) \, d\mu(\zeta)$$

とすると，任意 $\varepsilon > 0$ に対して点 z の近傍 U を十分小さくとれば

$$|f(z', \zeta) - f(z, \zeta)| < \varepsilon, \qquad z' \in U, \quad \zeta \in E.$$

従って E 上で積分すれば $|\varphi(z') - \varphi(z)| < \varepsilon$, $z' \in U$ であり，すなわち φ は連続であることがわかる．さて f_n は z について優調和ゆえ，任意の点 $z = z_0$ で

$$f_n(z_0, \zeta) \geq \frac{1}{2\pi} \int_0^{2\pi} f_n(z_0 + re^{i\theta}, \zeta) \, d\theta, \qquad 0 < r \leq \rho_0.$$

この式を E 上で積分すれば，積分順序をいれかえて

$$p_n^\mu(z_0) \geq \frac{1}{2\pi} \int_0^{2\pi} p_n^\mu(z_0 + re^{i\theta}) \, d\theta, \qquad 0 < r \leq \rho_0 \tag{18}$$

となり，p_n^μ の優調和性も示された．また $\{p_n^\mu(z)\}$ $(n = 1, 2, \ldots)$ は連続関数の単調増加列ゆえ

$$p^\mu(z) = \lim_{n \to \infty} p_n^\mu(z)$$

は下半連続であり，(18) で $n \to \infty$ とすれば p^μ の優調和性がわかる．

定理7（連続性原理）　ポテンシャル $p^\mu(z)$ が E 上の関数として連続ならば，全平面上の関数として連続である．

連続性は各点でしらべればよいからこの定理7は次の補題1から導かれることになる．

補題1　コンパクト集合 E の任意の点 ζ_0 に対して次式がなりたつ：

$$\varlimsup_{z \to \zeta_0} p^\mu(z) = \varlimsup_{E \ni \zeta \to \zeta_0} p^\mu(\zeta). \tag{19}$$

この補題が示されたならば，$p^\mu(z)$ の下半連続性と (19) から

$$p^\mu(\zeta_0) \le \varliminf_{z \to \zeta_0} p^\mu(z) \le \varlimsup_{z \to \zeta_0} p^\mu(z) = \varlimsup_{E \ni \zeta \to \zeta_0} p^\mu(\zeta).$$

従って，もし $p^\mu(z)$ が E 上の関数として点 ζ_0 で連続ならば，この最後の式は $p^\mu(\zeta_0)$ に等しいから全てが等号で成立して，$z \to \zeta_0$ のとき $p^\mu \to p^\mu(\zeta_0)$ が従う．よって定理7が示された．

（補題1の証明）　(19) の右辺を M とする．一般に (19) の左辺 $\ge M$ ゆえ，$M < \infty$ のとき $\varlimsup_{z \to \zeta_0} p^\mu(z) \le M$ $(z \notin E)$ となることを示せばよい．

さて ζ_0 を中心とする半径 r の閉円板を D_r とする．$M < \infty$ ならば ζ_0 上に質量をもたないから，任意の $\varepsilon > 0$ に対して r を小さくとれば $\mu(D_r) < \varepsilon$ とできる．そこで

$$p^\mu(z) = \int_{D_r} \log \frac{1}{|z - \zeta|} \, d\mu(\zeta) + \int_{E - D_r} \log \frac{1}{|z - \zeta|} \, d\mu(\zeta)$$
$$\equiv I_1(z) + I_2(z) \tag{20}$$

と，$p^\mu(z)$ を I_1 と I_2 に分解する．先ず $I_1(z)$ の評価のために，任意の点 $z \notin E$ に対して z から $E \cap D_r$ への最短距離を与える点の1つを ζ_1 とすると，任意の $\zeta \in E \cap D_r$ に対して

$$|\zeta - \zeta_1| \le |\zeta - z| + |z - \zeta_1| \le 2|z - \zeta|.$$

従って

$$I_1(z) \le \int_{D_r} \left(\log 2 + \log \frac{1}{|\zeta - \zeta_1|} \right) d\mu(\zeta)$$

$$\leq \varepsilon \log 2 + I_1(\zeta_1)$$
$$= \varepsilon \log 2 + p^\mu(\zeta_1) - I_2(\zeta_1).$$

この式を (20) の右辺にあてはめると

$$p^\mu(z) \leq \varepsilon \log 2 + p^\mu(\zeta_1) + \int_{E-D_r} \log \left| \frac{\zeta_1 - z}{\zeta - z} \right| \, d\mu(\zeta).$$

さて $z\,(\in D_r - E)$ が ζ_0 に近づくと

$$\zeta_1 \to \zeta_0, \quad |\zeta - z| > \frac{r}{2}$$

ゆえ，上の被積分関数は負でありその積分も負である．よって M の定義とともに

$$p^\mu(z) \leq \varepsilon \log 2 + M + \varepsilon$$

であり，$\varepsilon \to 0$ とすれば，

$$\varlimsup_{z \to \zeta_0} p^\mu(z) \leq M.$$

□

第5章
等角写像への応用

　周知のように，その境界に2点以上を含む単連結領域は単位円板に等角写像される（リーマンの写像定理）．すなわち単葉な（すなわち一対一な）正則関数による写像が存在する．ところで，境界が $n\ (\geq 2)$ 個の成分からなる n 重連結領域の場合は，円板のような典型的な標準領域は無く，いろいろな場合が考えられる．例えば像領域が下図のようなものが標準領域として考えられる．

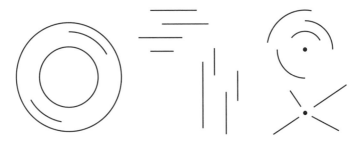

$n=4$ の場合の標準領域例

　ここでは調和測度の応用として，上図にある2つの同心円に囲まれその中に $(n-2)$ 個の同心円弧をもつ標準領域への等角写像について述べる．

5.1　準　　備

　平面上の2つの領域 D_1, D_2 に対して $f : D_1 \to D_2$ が D_1 から D_2 への等角写像とすれば，その逆写像 f^{-1} も正則であって D_2 から D_1 への等角写像を与える．これゆえ，このとき D_1, D_2 は **等角同値 (conformally equivalent)** という．リーマンの写像定理に依れば，境界が2点以上を含む単連結領域

D_1, D_2 は円板を経由してつねに等角同値であることがわかる. 従ってもちろん, 位相同値である.

ここでは領域 G は n (≥ 2) 重連結領域で, その境界は n 個のジョルダン曲線 $C_1, \ldots, C_n$ からなるものとする. このとき $C_1, \ldots, C_n$ は解析曲線としてよい. 実際, 先ず C_1 の外部 (C_1 の補集合で G を含む単連結領域) を単位円板に等角写像すれば C_1 の像 (再びこれを C_1 と書く) は単位円周になる (厳密には, カラテオドリの境界対応の定理により, 写像関数は周までこめて一対一連続に対応することがわかる). 次に (新しい) C_2 の外部を単位円板に等角写像すれば C_2 は円周, C_1 は解析曲線となる. 以下順次, 各 C_i を解析曲線にすることができる. このような操作をしても領域は等角同値である.

さて領域 G における境界 C_i に対する調和測度を

$$\omega_i(z) = \omega(z, C_i, G), \qquad i = 1, 2, \ldots, n$$

とする. $\omega_i(z)$ は領域 G で調和であって, C_i 上で 1, C_j ($j \neq i$) 上で 0 であるから, 領域 G の閉包において

$$\omega_1(z) + \cdots + \omega_n(z) \equiv 1.$$

また $\{\omega_i\}$ の中の $n-1$ 個は実係数で一次独立である. 実際, $c_1 \omega_1(z) + \cdots + c_{n-1} \omega_{n-1}(z) \equiv 0$ ならば, $z \in C_i$ ($i \neq n$) とすることにより $c_i = 0$ が従う. 従って同時に 0 ではない実数 $x_1, \ldots, x_{n-1}$ に対して次の G 上のディリクレ積分

$$D_G(x_1 \omega_1(z) + \cdots + x_{n-1} \omega_{n-1}(z))$$
$$= \sum_{i,j} x_i x_j D_G(\omega_i, \omega_j)$$
$$= \sum_{i,j} x_i x_j \int_{C_i} d\omega_j^*.$$

を考えると正の値となる. 従って

$$p_{ij} = \int_{C_i} d\omega_j^* \qquad (1 \leq i, j \leq n-1)$$

とおくと, $\sum_{i,j} p_{ij} x_i x_j$ は正値2次形式となり, 対応する行列式を考えると $P \equiv \det |p_{ij}| > 0$ である.

5.2 標準領域への等角写像

定理1 n を2以上の整数とする. n 個のジョルダン曲線 $C_1, \ldots, C_n$ で囲まれた領域 G を円環から $(n-2)$ 個の同心円弧を除いた標準領域へ等角写像する関数が存在する.

(証明) 上述のように $C_1, \ldots, C_n$ は解析曲線としてよい. $x_1, \ldots, x_{n-1}$ は同時には0でない実数とし,

$$u(z) = x_1 \omega_1(z) + \cdots + x_{n-1} \omega_{n-1}(z)$$

とおくとき, u の共役調和関数 $u^* = \sum_i x_i \omega_i^*$ が次の周期条件を満たすように x_i を定めよう:

$$
\begin{aligned}
\int_{C_1} du^* &= x_1 p_{11} + \cdots + x_{n-1} p_{1n-1} = 2\pi, \\
\int_{C_i} du^* &= x_1 p_{i1} + \cdots + x_{n-1} p_{in-1} = 0, \qquad i = 2 \ldots, n-1.
\end{aligned}
\tag{1}
$$

この $x_1, \ldots, x_{n-1}$ についての連立方程式の係数の行列式 P は0でないから, この連立方程式にはただ一組の解 $(a_1, \ldots, a_{n-1})$ が存在する. これを用いて

$$u_0(z) \equiv a_1 \omega_1(z) + \cdots + a_{n-1} \omega_{n-1}(z) \tag{2}$$

とおくと
$$
\begin{aligned}
u_0(z) &= a_i & z \in C_i, & \qquad (i = 1, \ldots, n-1) \\
u_0(z) &= 0 & z \in C_n, &
\end{aligned}
$$

であり

$$\int_{C_1} du_0^* = 2\pi, \quad \int_{C_i} du_0^* = 0 \ (i = 2, \ldots, n-1), \quad \int_{C_n} du_0^* = -2\pi \tag{3}$$

である. 最後の式はグリーンの公式

$$\int_C du_0^* = 0 \qquad (C \text{ は領域 } G \text{ の境界})$$

からわかる. $a_1 = (2\pi/P)\det|p_{ij}|$（但し$i,j = 2,\ldots,n-1$）は正であるから[1], C_1上では$u_0(z) > 0$であることに注意する. このとき

$$f(z) = e^{u_0 + iu_0^*(z)} \tag{4}$$

が求める写像関数となることを見てゆこう. 先ずfは領域Gで正則であり, (3)から一価関数である. ここで$e^{a_i} = \lambda_i$と書くと, C_i上で$|f(z)| = \lambda_i$で$\lambda_1 > 1$, $\lambda_n = 1$であるが, さらに

$$\lambda_n = 1 < \lambda_i < \lambda_1 \qquad (i = 2,\ldots,n-1) \tag{5}$$

であることを示そう.

(3)から, このfによるC_iの像Γ_iは原点中心半径λ_iの円弧であり, 特にΓ_1とΓ_nは円周であることがわかる. さて方程式$f(z) = \alpha$の領域G内にある零点の数を$N(\alpha)$とすると, 偏角の原理から

$$N(\alpha) = \frac{1}{2\pi i}\sum_{j=1}^{n}\int_{C_j}\frac{f'(z)}{f(z)-\alpha}\,dz = \frac{1}{2\pi}\sum_{j=1}^{n}\int_{C_j}d\arg(f(z)-\alpha).$$

ここで

$$N_j(\alpha) = \frac{1}{2\pi}\int_{C_j}d\arg\left(f(z)-\alpha\right)$$

とおくと$N(\alpha) = \sum N_j(\alpha)$であり, 特に

$$N_1(\alpha) \text{ は } \quad |\alpha| < \lambda_1 \text{ ならば } = 1, \quad |\alpha| > \lambda_1 \text{ ならば } = 0,$$
$$N_n(\alpha) \text{ は } \quad |\alpha| < 1 \text{ ならば } = -1, \quad |\alpha| > 1 \text{ ならば } = 0,$$

である. 例えば前者を,

$$N_1(\alpha) = \frac{1}{2\pi}\left\{\int_{C_1}d\arg f(z) + d\arg\left(1 - \frac{\alpha}{f(z)}\right)\right\}$$

と表すと, その右辺の第一項は$|\alpha| < \lambda_1$ならば

$$\frac{1}{2\pi}\int_{C_1}du_0^* = 1$$

---

[1] 例えばクラーメルの公式に依る.

であり，第二項は $z \in C_1$ では $|\alpha/f(z)| < 1$ ゆえ 0 である．また $|\alpha| > \lambda_1$ のとき

$$\arg\left(f(z) - \alpha\right) = \arg\left(-\alpha\right) + \arg\left(1 - \frac{f(z)}{\alpha}\right)$$

から $N_1(\alpha) = 0$ がわかる．$N_n(\alpha)$ についても同様にわかる．

従って $N_1(\alpha) + N_n(\alpha)$ は α が $1 < |\alpha| < \lambda_1$ ならば 1, それ以外の α に対しては 0 である．また同様に (3) から，$|\alpha| \neq \lambda_i$ ならば $N_i(\alpha) = 0$ $(i = 2, \ldots, n-1)$．以上から $\lambda_i \leq \lambda_1$ がわかる．実際，もし $\lambda_1 < \lambda_i$ ならば，Γ_i 上の点 w_0 の小近傍の中で $|\alpha| \neq \lambda_i$ である全ての α に対して $N(\alpha) = 0$ ゆえ $z \in G$ に対して $f(z) \neq \alpha$．一方 $f(z)$ は C_i の近傍に正則延長できるから，$f(z_0) = w_0$ となる $z_0 \in C_i$ の近傍は w_0 の近傍にうつる．これは矛盾である．$1 \leq \lambda_i$ であることも同様にわかる．さらに $\lambda_i < \lambda_1$ である．もし $\lambda_i = \lambda_1$ ならば，$w_0 \in \Gamma_i$ には $f(z_i) = f(z_1) = w_0$ となる点 $z_i \in C_i$ と $z_1 \in C_1$ がそれぞれ対応し，その近傍での考察から w_0 の近傍内で $|\alpha| < \lambda_1$ を満たす α を G で 2 回とり（z_1, z_i の近傍内で 1 回ずつ）矛盾である．$1 < \lambda_i$ についても同様であり (5) が示され，同時に $1 < |\alpha| < \lambda_1$ で $|\alpha| \neq \lambda_i$ なる α に対して $N(\alpha) = 1$ であることがわかった．

最後に $|\alpha| = \lambda_i$ で $\alpha \notin \Gamma_i$ に対しても $N_i(\alpha) = 0$, 従って $N(\alpha) = 1$ である．実際，

$$\int_{C_i} d\arg(f(z) - w)$$

は $w \notin \Gamma_i$ では w について連続であるから，α の近傍で $|w| \notin \lambda_i$ なる w $(N_i(w) = 0)$ をとって $w \to \alpha$ とすれば $N_i(\alpha) = 0$ である．また Γ_i と Γ_j $(i \neq j)$ が共通点をもたないことも近傍の考察からわかる． $\qquad\square$

最後に写像の一意性について述べておく．領域 G を上述の標準領域に等角写像する他の関数を $g(z)$ とする．その際 G の境界のうち，C_n は単位円に，C_1 は外円周に移るものと決めておけば，$g(z) = e^{ic}f(z)$, すなわち回転を除いて写像は一意的である．実際，$g(z) = e^{v(z)+iv^*(z)}$ と書くと $v + iv^* = \log g(z)$ は $g(z) \neq 0$ ゆえ G で正則であり，仮定より各 C_i 上で $v(z)$ は定数 b_i であり

$b_n = 0$. 従って最大値の原理により $v(z) = b_1\omega_1(z) + \cdots + b_{n-1}\omega_{n-1}(z)$ と書け，$dv^* = d\arg g(z)$ の周期も (3) と同じ．従ってこの $b_1, \ldots, b_{n-1}$ も連立方程式 (1) の解になるが，連立方程式の解の一意性から $a_i = b_i$ となり，$u_0(z) \equiv v(z)$. よって $v^* = u_0^* + c$, $g(z) = e^{ic}f(z)$ が従う．

5.3 モジュラス

　前節の定理を用いて，n 重連結領域の等角同値性についてもう一度考えてみる．等角同値であるものを集めた等角同値類はどの位あるのであろうか．ここでも考える領域はジョルダン曲線で囲まれたものとする．$n = 1$，すなわち単連結のときは，先に述べたように全ての領域は等角同値である．すなわち等角同値類は1つである．しかし $n \geq 2$ のときは事情が異なり無数にある．

　先ずここで2つの n 重連結領域 G と G' が等角同値というときは，もちろん G から G' への等角写像があり，さらにそのとき領域 G の各境界成分 C_i $(i = 1, \ldots, n)$ は領域 G' の境界成分 C'_i に対応しているものとする．さて領域 G を前節で述べたような標準領域へ等角写像すると，C_n は単位円周に，C_1 は円環の外円周に対応している．

　$n = 2$ の場合，定理1及び一意性により，G は1つの円環 $B = \{1 < |z| < r\}$ に，回転を除いて一意的に等角写像され，上のように定めた等角同値な領域も同じ円環に写像される．すなわち $f : G \to B$, $h : G \to G'$ をそれぞれ等角写像とすれば，$f \circ h^{-1}$ は G' から B への等角写像である．従って G の等角同値類に1つの正数 r (> 1) が対応する．この r（あるいは $\log r$）を G の**モジュラス (modulus)** という．逆に G と G' のモジュラスが同じならば G と G' は等角同値であり，等角同値類とモジュラスとは一対一に対応する．従って等角同値類の全体はパラメータ r の全体，すなわち区間 $(1, \infty)$（$\log r$ とするときは $(0, \infty)$）と一対一に対応して無数にある．

[注意] 円環 $\{r_1 < |z| < r_2\}$ のモジュラスは r_2/r_1 であり，また2つの円環が等角同値であるのはその半径比が等しいときに限る．これだけのことなら直接的に，鏡像の原理を使えば容易にわかる．問題は $n \geq 3$ の場合である．

定理2　$n\ (\geq 2)$ 重連結領域の（規準化された）等角同値類には $n=2$ のとき
は1つ，$n \geq 3$ のときは $(3n-6)$ 個の実パラメータ（モジュライ[2]）が対応
し，その対応は一対一である．すなわち2つの n 重連結領域が等角同値であ
るのはそのモジュライが一致するときに限られ，等角同値類は無数にある．

（証明）　$n \geq 3$ の場合について．n 重連結領域 G を $(n-2)$ 個の円弧の入っ
た円環 $\{1 < |z| < r\}$ に等角写像し，C_n は単位円周に，C_1 は外円周に移す．
このような写像は回転を除いて一意的であったから，回転によって C_2 に対
応する円弧は実軸に関して対称になるようにすると一意的に定まる．簡単の
ため C_i の像[3]も C_i と記すと，この標準領域の形を定めるパラメータ（モ
ジュライ）として

i)　外円周 C_1 の半径 $r\ (1 < r)$,

ii)　円弧 C_2 の半径 $r_2\ (1 < r_2 < r)$ 及びその円弧の1つの端点の偏角 θ_2
(> 0)，すなわち $C_2 = \left\{ r_2 e^{i\theta} \mid -\theta_2 \leq \theta \leq \theta_2 \right\}$,

iii)　他の円弧 $C_i\ (i = 3, \ldots, n-1)$（但し $n \geq 4$ のとき）に対してそれぞれ
3つの実数，すなわちその半径 $r_i\ (1 < r_i < r)$ 及びその弧の両端点の偏
角 $\theta_{i1}, \theta_{i2}\ (> \theta_{i1})$

と，以上合計 $3n-6$ 個の実数をとることができる．領域 G と等角同値な領
域 G' に対しても同じモジュライが対応する．なおこの際，G の境界 C_i と
G' の境界 C_i' が対応している必要がある．また前と同じように同じモジュラ
イをもつ G と G' は等角同値である．すなわちモジュライは等角同値類と一
対一に対応している．

　1つの標準領域のモジュライの各パラメータを，対応する円や円弧が共通
点をもたないように少し動かすとき，それらをモジュライにもつ標準領域
があるゆえ，モジュライの全体 M は $3n-6$ 次元の球（近傍）を含んでいる
（M は実 $(3n-6)$ 次元の多様体といえる）．　　　　　　　　　　□

---

[2] モジュライ (moduli) は modulus の複数形（ラテン語）.

[3] 前節では Γ_i という記号で C_i の像を表した.

第 III 部

多元数系と複素数の特徴づけ

拙著『現代の古典 複素解析』([I, 7]) でも述べたが，多元数系の中で複素数がもつ著しい特徴を示す「フロベニウスの定理」（後述の定理2）についての証明は書かなかった．また同結果については，京都大学での講義でも言及したことはあったが，証明したことは一度もなかった．それは，その証明が線形代数のみを用いる技巧的なものであるからであった．信用するのもよいが，一度証明を書いて責任を果たすのもよいかと思い，数年前に手書きの原稿をごく少数の方に読んでいただいたが，この機会に少し手を加えて以下に採録した．この原稿を清書して入力して下さった太田稔君に厚く御礼申し上げたい．

第1章

多元数系と複素数の特徴づけ

1.1　4元数の導入

　複素数の拡張の第一歩は1843年にハミルトンの導入した[1] 4元数 (quaternion) であり，その後，8元数等いろいろ研究された．ここでは1860年代に研究されたパースの一般論[2] に従った藤原松三郎の名著[3] を参考に記す．

　一般に n 個の実数の組 $(x_1, x_2, \ldots, x_n)$ の集合を考え，その中に適当に加減乗除を定義したものを**多元数系**あるいは**n 元数系**という．先ず2つの n 元数 $x = (x_1, x_2, \ldots, x_n)$ と $y = (y_1, y_2, \ldots, y_n)$ に対して，相等：$x = y$ とは，$x_1 = y_1, x_2 = y_2, \ldots, x_n = y_n$ のこととする．また和：$x + y$ とは，$(x_1 + y_1, x_2 + y_2, \ldots, x_n + y_n)$ なる n 元数と定める．積は，先ず実数 a と x の積を

$$ax = (ax_1, ax_2, \ldots, ax_n)$$

と定める．一般の積は，分配法則 (distributive law) と結合法則 (associative law) が成り立つように定める．定義に先立ち，i 番目が1で，他は0の n 元数を

$$e_i = (0, \ldots, \overset{i}{1}, 0, \ldots, 0) \qquad (i = 1, \ldots, n)$$

と書き，**単位**という．また $(0, \ldots, 0)$ を0と書く．m 個の n 元数 $\alpha_1, \ldots, \alpha_m$ が**一次独立**であるとは

ハミルトン (William Rowan Hamilton)：1805–1865, パース (Benjamin Peirce)：1809–1880

[1] "On quaternions; or on a new System of Imaginaries in Algebra" (letter dated 17 October 1843).

[2] "Linear Associate Algebra", *Amer. J. Math.* vol. 4, pp. 83–229 (1881).

[3] 藤原松三郎『代数学 第二巻』，内田老鶴圃，改正第5版，1944.

$$c_1\alpha_1 + \cdots + c_m\alpha_m = 0 \qquad (c_i \text{ は実数})$$

となるのは $c_1 = c_2 = \cdots = c_m = 0$ のときに限ることである．定義から単位 $e_1, e_2, \ldots, e_n$ は一次独立であり

$$x = \sum_i x_i e_i, \quad y = \sum_j y_j e_j$$

と書ける．このとき x と y の積を

$$xy = \sum_{i,j} x_i y_j e_i e_j \tag{1}$$

と定義するのであるが，これが n 元数であるためには，$e_i e_j$ がそうであることが必要十分である．従って

$$e_i e_j = \sum_k c_k^{ij} e_k \qquad (c_k^{ij} \text{ は実数}) \tag{2}$$

と定める．このとき積 (1) は明らかに分配法則を満たす．さらに乗法の結合法則 $(e_i e_j)e_k = e_i(e_j e_k)$ を満たすためには，分配法則及び (2) により

$$\left(\sum_s c_s^{ij} e_s \right) e_k = e_i \left(\sum_s c_s^{jk} e_s \right),$$

よって

$$\sum_{s,t} c_s^{ij} c_t^{sk} e_t = \sum_{s,t} c_s^{jk} c_t^{is} e_t$$

が成立しなくてはならない．そして相等の定義から e_t の係数は等しく，

$$\sum_s c_s^{ij} c_t^{sk} = \sum_s c_s^{jk} c_t^{is} \qquad (t = 1, 2, \ldots, n) \tag{3}$$

であることが必要十分である．従って (3) を満たす $\{c_k^{ij}\}$ を任意に1組とって固定し，改めて (2) により x と y の積を

$$xy = \sum_{i,j} x_i y_j e_i e_j = \sum_k \left(\sum_{i,j} c_k^{ij} x_i y_j \right) e_k \tag{4}$$

と定義する．この n 元数系では，積の可換性を除けば複素数と同じように和差積が計算されるが，次に述べるように，除法については事情がすこし違う．

1.2 除法の定義

与えられた n 元数 $x = \sum_i x_i e_i$ と $z = \sum_i z_i e_i$ に対して

$$xy = z \tag{5}$$

を満たす n 元数 y の存在を考えよう. そのような $y = \sum_j y_j e_j$ が存在するとすれば (4) より $z = xy = \sum_k (\sum_{i,j} c_k^{ij} x_i y_j) e_k$, すなわち

$$z_k = \sum_j \left(\sum_i c_k^{ij} x_i \right) y_j \qquad (k = 1, \dots, n). \tag{6}$$

この連立方程式から $y = (y_1, \dots, y_n)$ を求める. その係数行列の行列式を

$$\Delta(x) = \det \left(\sum_i c_k^{ij} x_i \right) \qquad (j, k = 1, \dots, n) \tag{7}$$

と書く. 周知のように行列式 $\Delta(x) \neq 0$ のときに限り y が一意的に定まる. このときもし $z = 0$ ならば $y = 0$ である. さて, もし

$$\Delta(x) = 0$$

ならば, $z = 0$ のときには連立方程式 (6) を満たす解 y $(\neq 0)$ が無数に存在する. すなわち, $\Delta(x) = 0$ ならば (5) の $xy = z \neq 0$ を満たす y は一般には存在しないが

$$xy = 0$$

を満たす y $(\neq 0)$ は無数にある. このように $x \neq 0$, $y \neq 0$ でかつ $xy = 0$ となるとき, x, y を**零因子 (zero-divisor)** という. $\Delta(x) = 0$ を満たす x $(\neq 0)$ はつねに零因子である. さて, (5) の代わりに

$$yx = z \tag{8}$$

を満たす元 y を考えるときは,

$$\Delta'(x) = \det \left(\sum_i c_k^{ji} x_i \right) \qquad (j, k = 1, \dots, n) \tag{9}$$

を考えるとよい. もちろん (5) の解 y と (8) の解 y とが等しいとは限らない.

1.3 主 単 位

除法については，上に述べたように行列式 $\Delta(x)$, $\Delta'(x)$ が 0 にならない場合をしらべる必要がある．そのために，先ず**主単位**という概念を導入する．

定義1 n 元数 $\varepsilon = \sum_i \varepsilon_i e_i$ が，全ての n 元数 x に対して

$$x\varepsilon = \varepsilon x = x \tag{10}$$

を満たすとき，ε を主単位という．

主単位は，存在するとすれば唯1つである．実際，2つの主単位 ε, ε' があるとすれば，$\varepsilon x = x\varepsilon = x$, $\varepsilon' x = x\varepsilon' = x$, よってそれぞれに $x = \varepsilon'$, $x = \varepsilon$ を代入すると

$$\varepsilon\varepsilon' = \varepsilon'\varepsilon = \varepsilon', \quad \varepsilon'\varepsilon = \varepsilon\varepsilon' = \varepsilon$$

ゆえ，$\varepsilon = \varepsilon'$ である．さて，主単位が存在すれば，(10) で $x = e_j$ とすると

$$e_j\varepsilon = \varepsilon e_j = e_j, \qquad (j = 1, \ldots, n).$$

$\varepsilon = \sum_i \varepsilon_i e_i$ を代入して (2) を用いると，$e_j\varepsilon = e_j$ は

$$\sum_i \varepsilon_i \sum_k c_k^{ji} e_k = \sum_k \left(\sum_i \varepsilon_i c_k^{ji} \right) e_k = e_j.$$

ゆえに $e_1, \ldots, e_n$ の一次独立性から

$$\sum_i \varepsilon_i c_k^{ji} = \delta_{jk} = \begin{cases} 1, & j = k \\ 0, & j \neq k \end{cases} \qquad (j, k = 1, \ldots, n) \tag{11}$$

が従う．同様にして，$\varepsilon e_j = e_j$ から

$$\sum_i \varepsilon_i c_k^{ij} = \delta_{jk}. \tag{12}$$

逆に n 個の実数 ε_i $(i = 1, \ldots, n)$ が (11), (12) を満たせば，明らかに $\varepsilon = \sum_i \varepsilon_i e_i$ は主単位である．また (11) 及び (12) から，それぞれ

$$\Delta(\varepsilon) = 1, \quad \Delta'(\varepsilon) = 1$$

となる．

補題 1 n 元数系に主単位が存在するのは

$$\Delta(x) \not\equiv 0, \quad \Delta'(x) \not\equiv 0 \tag{13}$$

であるときに限る[4].

(証明) 主単位 ε が存在すれば上述のように $\Delta(\varepsilon) = \Delta'(\varepsilon) = 1$ であり，よって (13) が成り立つ．逆に (13) のとき，例えば $x_2, \ldots, x_n$ を固定すると，$\Delta(x) = \Delta'(x) = 0$ は共に x_1 について高々 n 次方程式であるから，その高々有限個の根以外の x_1 をとれば

$$\Delta(\alpha) \neq 0, \quad \Delta'(\alpha) \neq 0$$

なる n 元数 $\alpha \, (\neq 0)$ がとれる．従って前節で述べたように $\Delta(\alpha) \neq 0$ ゆえ

$$\alpha\varepsilon = \alpha$$

を満たす n 元数 ε が唯 1 つ存在する．また $\Delta'(\alpha) \neq 0$ より，任意の x に対して $y\alpha = x$ を満たす n 元数 y が唯 1 つ存在して

$$x\varepsilon = (y\alpha)\varepsilon = y(\alpha\varepsilon) = y\alpha = x.$$

また $\alpha(\varepsilon x) = (\alpha\varepsilon)x = \alpha x$ 及び $\Delta(\alpha) \neq 0$ より解の一意性から $\varepsilon x = x$ が従う．ゆえに ε は主単位である．   □

補題 1 から，主単位が存在しなければ $\Delta(x) = 0$ が全ての n 元数 x に対して成り立つ[4] ことになり，次の結果を得る．

定理 1 主単位が存在しない多元数系では，全ての元は零因子であって，除法は不能か不定である．

1.4 多元数と方程式

以下では主単位が存在する系のみを考え，ここでは例を挙げると共に 1 つの注意を与える．一般に $(n+1)$ 個の n 元数 $\alpha_1, \alpha_2, \ldots, \alpha_{n+1}$ をとると，それ

---

[4] $\neq 0$ と $\not\equiv 0$ の意味の相異に注意する．

らは単位 $e_1, \ldots, e_n$ の一次結合であり，その $(n+1)$ 個の一次方程式から $e_1,$ $\ldots, e_n$ を消去すれば $\alpha_1, \ldots, \alpha_{n+1}$ の一次関係式を得る，すなわち $\alpha_1, \alpha_2,$ $\ldots, \alpha_{n+1}$ は常に一次従属である．従って，任意の n 元数 x に対して，$x, x^2,$ $\ldots, x^n$ と主単位 ε の間に，全部が 0 ではない実数 $a_0, a_1, \ldots, a_n$ をとることにより，一次関係

$$a_0 x^n + a_1 x^{n-1} + a_{n-1} x + a_n \varepsilon = 0$$

が成立する．すなわち n 元数は高々 n 次の方程式を満たす．

例1 ハミルトンの4元数系では，その全ての4元数

$$x = x_1 + x_2 i + x_3 j + x_4 k \qquad (各 x_i は実数)$$

は2次方程式を満たす．周知のように，$\{1, i, j, k\}$ を単位とするハミルトンの4元数系はハミルトンによって最初に導入された多元数系である．前節までの記号と対応させると，

$$e_1 = 1, \quad e_2 = i, \quad e_3 = j, \quad e_4 = k$$

で，関係 (2) は

$$i^2 = j^2 = k^2 = -1, \quad ij = -ji = k, \quad jk = -kj = i, \quad ki = -ik = j$$

と表される．このとき

$$x^2 = (x_1^2 - x_2^2 - x_3^2 - x_4^2) + 2x_1(x_2 i + x_3 j + x_4 k)$$

であるから，x は次の2次方程式を満たす：

$$x^2 - 2x_1 x + (x_1^2 + x_2^2 + x_3^2 + x_4^2) = 0.$$

例2 主単位 ε をもつ2元数系を考える．主単位 ε と一次独立な元 e （単位）をとると e は高々2次の方程式を満たす．このときこれが1次方程式ならば ε と e は一次独立ではないことになり，よって e は2次方程式

$$ae^2 + be + c\varepsilon = 0 \qquad (a\ (\neq 0),\ b,\ c は実数)$$

を満たすことになる. ゆえに

$$(2ae + b\varepsilon)^2 = 4a^2e^2 + 4abe\varepsilon + b^2\varepsilon^2$$
$$= 4a^2e^2 + 4abe + b^2\varepsilon$$
$$= 4a(-be - c\varepsilon) + 4abe + b^2\varepsilon$$
$$= -4ac\varepsilon + b^2\varepsilon.$$

ここで $D = b^2 - 4ac$ とおくと $(2ae + b\varepsilon)^2 = D\varepsilon$ であり,

$$D > 0 \text{ ならば} \quad (2ae + b\varepsilon)/\sqrt{D} = j \text{ とおけば} \quad j^2 = \varepsilon,$$
$$D < 0 \text{ ならば} \quad (2ae + b\varepsilon)/\sqrt{-D} = j \text{ とおけば} \quad j^2 = -\varepsilon,$$
$$D = 0 \text{ ならば} \quad 2ae + b\varepsilon = j \text{ とおけば} \quad j^2 = 0.$$

明らかに j は ε と一次独立である. 以上から主単位 ε をもつ 2 元数系は ε, j を単位にする次の 3 つの場合に限られる:

(i) $\varepsilon^2 = \varepsilon, \ \varepsilon j = j\varepsilon = j, \ j^2 = \varepsilon$

(ii) $\varepsilon^2 = \varepsilon, \ \varepsilon j = j\varepsilon = j, \ j^2 = -\varepsilon$

(iii) $\varepsilon^2 = \varepsilon, \ \varepsilon j = j\varepsilon = j, \ j^2 = 0.$

これらの系では, 積は可換であり, 次のことがわかる:

(ii) は $\varepsilon = 1, j = i \ (= \sqrt{-1})$ とすれば複素数系である.

(iii) では零因子 j が存在する.

(i) では, $(\varepsilon - j)(\varepsilon + j) = \varepsilon^2 + \varepsilon j - j\varepsilon - j^2 = 0$ ゆえ $\varepsilon - j$ と $\varepsilon + j$ は零因子である.

以上から, 主単位をもつ 2 元数系には複素数系以外に 2 つの系があり, それらは零因子をもつ. また主単位をもたない場合は, 定理 1 により, その系は全て零因子をもつ. よって 2 元数系で零因子をもたないのは複素数系のみであることがわかる.

1.5 フロベニウスの定理

定理2（フロベニウスの定理[5]） 多元数系で零因子が存在しないのは，実数系，複素数系とハミルトンの4元数系の3つに限られ，さらに乗法が可換なのは前二者である．

（証明） 零因子をもたない n 元数系は主単位 ε をもち，任意の n 元数 x は高々 n 次の実係数の方程式を満たす．因数分解定理から，さらに x はある実係数の1次，または判別式が負の2次方程式を満たす．さて

(i) $n=1$ の場合，あるいは一般に1次方程式を満たす x は $x=a\varepsilon$ （a は実数）と書け，これらは $\varepsilon=1$ とおけば実数系と一致する．

(ii) $n=2$ の場合，$\varepsilon=1$, $e=i$ を一次独立な単位にもつ複素数系であることは前節の例2で述べた．

(iii) $n=3$ ならば，例2の $D<0$ の場合を参照すると，$e_1^2=-\varepsilon$, $e_2^2=-\varepsilon$ を満たす ε とは一次独立な元 e_1, e_2 が存在する．このとき $e_1 e_2$ は ε, e_1, e_2 と一次独立である．実際，もし $e_1 e_2 = a\varepsilon + be_1 + ce_2$ （a, b, c は実数）とすれば，e_2 を右からかけて

$$-e_1 = ae_2 + be_1 e_2 - c\varepsilon = ae_2 + b(a\varepsilon + be_1 + ce_2) - c\varepsilon$$

となり

$$(ab-c)\varepsilon + (1+b^2)e_1 + (bc+a)e_2 = 0.$$

しかし係数 $(1+b^2) \neq 0$ ゆえ，ε, e_1, e_2 が一次独立であることに反することになる．従って $n=3$ とはなりえない．

(iv) $n \geq 4$ ならば ε と一次独立な元 $e_1, \ldots, e_m$ （$m \geq 3$）で

$$e_1^2 = e_2^2 = \cdots = e_m^2 = -\varepsilon$$

フロベニウス (Ferdinand George Frobenius)：1849–1917

[5] *Journal für die reine und angewante Mathematik* vol. 84, pp. 1–63 (1878).

となるものが存在する. $e_i + e_k$, $e_i - e_k$ $(i \neq k)$ はまた負の判別式をもつ 2 次方程式を満たさなければならない. その式を

$$(e_i + e_k)^2 + a(e_i + e_k) + b\varepsilon = 0$$
$$(e_i - e_k)^2 + a'(e_i - e_k) + b'\varepsilon = 0$$

としよう. 2 式を加えると

$$(a + a')e_i + (a - a')e_k + (b + b' - 4)\varepsilon = 0.$$

よって $a = a' = 0$, $b + b' = 4$ が従い, これを上の 2 式に代入すると

$$(e_i + e_k)^2 = -b\varepsilon, \quad (e_i - e_k)^2 = -b'\varepsilon.$$

この 2 式から $2(e_i e_k + e_k e_i) = -(b - b')\varepsilon = -2(b - 2)\varepsilon$. よって

$$e_i e_k + e_k e_i = 2d_{ik}\varepsilon. \tag{14}$$

但し $d_{ik} = d_{ki} = 1 - b/2$ $(i \neq k)$, $d_{ii} = -1$ とした. ここで基底 $\{e_1, \ldots, e_m\}$ を変換して $d_{ik} = 0$ $(i \neq k)$, すなわち行列 (d_{ik}) を対角化するよう考える.

$$z = \sum_{i=1}^{m} x_i e_i$$

とおくと, (14) から

$$z^2 = \sum_{i,k=1}^{m} x_i x_k e_i e_k = \left(\sum_{i,k=1}^{m} d_{ik} x_i x_k \right) \varepsilon. \tag{15}$$

仮定から零因子はないから, $z^2 = 0$ なるのは $z = 0$ のときのみ, すなわち $\sum_{i,k} d_{ik} x_i x_k = 0$ になるのは $x_1 = \cdots = x_m = 0$ のときのみである. すなわち $\sum_{i,k} d_{ik} x_i x_k$ は定符号の 2 次形式である. しかも $d_{11} = -1$ ゆえ負定値の 2 次形式である. よって実係数のある正則な一次変換

$$x_i = \sum_{k=1}^{m} a_{ik} y_k \tag{16}$$

が存在して，

$$\sum_{i,k} d_{ik} x_i x_k = -\sum_k y_k^2 \tag{17}$$

の形に変換される．よって新しい基底として

$$j_k = \sum_{i=1}^m a_{ik} e_i, \qquad k = 1, \ldots, m$$

をとれば

$$z = \sum_i x_i e_i = \sum_i \left(\sum_k a_{ik} y_k \right) e_i = \sum_k y_k \left(\sum_i a_{ik} e_i \right) = \sum_k y_k j_k$$

であり、従って

$$z^2 = \sum_{i,k} y_i y_k j_i j_k.$$

一方 (15), (17) から

$$z^2 = -\left(\sum_k y_k^2 \right) \varepsilon$$

ゆえ

$$j_k^2 = -\varepsilon, \quad j_i j_k + j_k j_i = 0 \qquad (i \neq k). \tag{18}$$

これから，$n \geq 5$ でないことがわかる．これを示すため，先ず $k \neq 1, 2$ として $j_1 j_2 j_k$ をしらべる．$j_i j_k = -j_k j_i$ より

$$\begin{aligned}
(j_1 j_2 j_k)^2 &= j_1 j_2 (j_k j_1)(j_2 j_k) \\
&= j_1 j_2 (-\varepsilon j_1 j_2) \\
&= \varepsilon.
\end{aligned}$$

$\varepsilon = \varepsilon^2$ ゆえ $(j_1 j_2 j_k + \varepsilon)(j_1 j_2 j_k - \varepsilon) = 0$ が従い，仮定により零因子がないことから

$$j_1 j_2 j_k = \pm \varepsilon.$$

よって

$$j_1 j_2 = j_k \quad \text{または} \quad j_1 j_2 = -j_k. \tag{19}$$

従って $n \geq 5$ ならば $k = 3, 4$ とすると (18) から

$$j_3 = j_4 \quad \text{または} \quad j_3 = -j_4.$$

これは矛盾．実際，一次変換 (16) は正則ゆえ，$j_1, \ldots, j_m$ も一次独立であるからである．

(v)　$n = 4$ の場合 j_1, j_2, j_3 は一次独立で，(18), (19) から

$$j_1^2 = j_2^2 = j_3^2 = -\varepsilon, \quad j_1 j_2 = -j_2 j_1 = \pm j_3.$$

ここで符号を適当にとって $j_1 j_2 = j_3$ としてよい．すると $j_2 j_3 = \pm j_1$, $j_3 j_1 = \pm j_2$ であるが，実際は

$$j_2 j_3 = -j_3 j_2 = -(j_1 j_2) j_2 = j_1,$$
$$j_3 j_1 = -j_1 j_3 = -j_1 (j_1 j_2) = j_2.$$

よって $\varepsilon = 1, j_1 = i, j_2 = j, j_3 = k$ と書けば，ハミルトンの4元数系となる．

$$\square$$

1.6　補足：ハミルトンの4元数系について

1.4 節の例 1 に従って 4 元数系 H の単位を $1, i, j, k$ とする．a, b, c, d を実数とするとき

$$q = d + ai + bj + ck \in H \tag{20}$$

に対して，d を q の**スカラー部分**，$ai + bj + ck$ を**ベクトル部分**という．

$$q^* = d - ai - bj - ck \tag{21}$$

と書き，$q^* \in H$ を q に**共役**な 4 元数であるという．$(q^*)^* = q$ である．積 qq^*, q^*q を計算すると

$$qq^* = q^*q = d^2 + a^2 + b^2 + c^2 \tag{22}$$

であり, q に対して定まるこの非負の実数を $|q|^2$ と書く. $|q| = 0$ は $q = 0$ のときに限られる. $|q|$ は $1, i, j, k$ を4次元空間の単位ベクトルと見たとき, ベクトル q の大きさ（長さ）を表す. 任意の元 $p, q \in H$ に対して, 計算によって

$$(pq)^* = q^* p^* \tag{23}$$

の成立がわかるが, ここに右辺の積の順序に注意する. これから

$$|pq| = |p||q| \ (= |q||p|) \tag{24}$$

が従う. 実際,

$$|pq|^2 = (pq)(pq)^* = pq \cdot q^* p^* = p|q|^2 p^* = |p|^2 |q|^2.$$

また (24) より $pq = 0$ ならば $|p||q| = 0$ であり, よって p または $q = 0$. すなわち H は零因子をもたない. さらに 0 ではない H の任意の元 q に対して $|q| \neq 0$ ゆえ, q^{-1} を

$$q^{-1} = \frac{q^*}{|q|^2} \in H$$

と定めると $qq^{-1} = q^{-1}q = 1$. この q^{-1} を q の**逆元**（あるいは逆数）という. これより方程式 $\alpha x = \beta \ (\alpha \, (\neq 0), \, \beta \in H)$ の解は

$$x = \alpha^{-1}\beta = \frac{\alpha^* \beta}{|\alpha|^2}$$

と書ける. これにより, H が（非可換な）体であることもわかる.

例3 2つの4実数（あるいは4整数）の平方の和の積に対して

$$(d^2 + a^2 + b^2 + c^2)(d'^2 + a'^2 + b'^2 + c'^2) \tag{25}$$
$$= d''^2 + a''^2 + b''^2 + c''^2$$

となる実数（あるいは整数）a'', b'', c'', d'' が存在する. なお, この a'', b'', c'', d'' は一般には一意的ではない.

実際, q は (20) とし, $q' = d' + a'i + b'j + c'k$ とおき

$$qq' = q'' = d'' + a''i + b''j + c''k$$

とすれば (24) より (25) を得る.

なお，上の結果は (24) によるが，周知のように，(24) は p, q が実数及び複素数のときにも成立する．3元数では零因子が存在するから，(24) は多次元一般では成立しないことに注意する．

例 4　H の部分空間で k 成分の係数が 0 の

$$S = \{x + yi + tj \mid x, y, t \text{ は実数} \}$$

を考える．$s = x + yi + tj \in S$ に対して，写像 $s \to jsj^{-1}$ を考える．$ji = -ij$ ゆえ

$$j(x + yi + tj)j^{-1} = x - yi + tj \in S.$$

この写像 $s \to jsj^{-1}$ は S の自己同形写像であるが，s を3次元の点 (x, y, z) と同一視するとき，それは点 (x, y, t) から $(x, -y, t)$ への写像，すなわち xt-平面に関する裏返し（鏡像）をあたえる．

例 5　$q = d + ai + bj + ck \in H$, $v = xi + yj + zk \in H$ に対して変換 $v \to qvq^{-1}$ を考える．先ず $|q| = 1$ とする．

$$V (= V_q) \equiv qvq^{-1} = qvq^*$$

を計算すると，スカラー部分は消えて

$$
\begin{aligned}
V = &\{(d^2 + a^2 - b^2 - c^2)x + 2(ab - cd)y + 2(ac + bd)z\}i \\
&+ \{2(ab + cd)x + (d^2 - a^2 + b^2 - c^2)y + 2(bc - ad)z\}j \\
&+ \{2(ac - bd)x + 2(ad + bc)y + (d^2 - a^2 - b^2 + c^2)z\}k.
\end{aligned}
$$

よって $V = Xi + Yj + Zk$ とかけば

$$
\begin{aligned}
X &= (d^2 + a^2 - b^2 - c^2)x + 2(ab - cd)y + 2(ac + bd)z, \\
Y &= 2(ad + cd)x + (d^2 - a^2 + b^2 - c^2)y + 2(bc - ad)z, \\
Z &= 2(ac - bd)x + 2(ad + bc)y + (d^2 - a^2 - b^2 + c^2)z.
\end{aligned}
\tag{26}
$$

右辺の係数のなす行列は直交行列であり，そして $|V| = |qvq^{-1}| = |v|$. 従って v を3次元空間の点 (x, y, z) と同一視すれば，変換 $q \to qvq^{-1}$ は原点中

心の回転である．$|q| \neq 1$ のときは $q_1 = q/|q|$ とおくと $|q_1| = 1$ で

$$qvq^{-1} = \frac{qvq^*}{|q|^2} = q_1 v q_1^* = q_1 v q_1^{-1}.$$

ところで q_1 に対する変換 (26) における係数は，q のときの係数の $|q|^{-2}$ 倍ゆえ，変換 $q \to qvq^{-1}$ を 3 次元空間の変換と見るとき，q に対する変換は q_1 に対する回転をして $|q|^2$ 倍することになる．

エ ピ ロ ー グ

　第 I 部，第 II 部の 2 つの方面をとりあげた経緯やその続きの発展等につい
て記す．リーマンのゼータ関数については，ここでは，オイラーに発した指
数関数，ガンマ関数，ゼータ関数の研究を経てリーマンに至るまでの見事な
体系について，複素解析的に厳密に，そしてできるだけ丁寧に紹介しようと
したものである．その先は，邦書では近年の松本耕二氏 ([I, 9]) の好著やそ
の文献を見ていただきたい。

　次に調和測度方面をとりあげた動機の 1 つは，二定数定理とその応用であ
る．これはネバンリンナの初期の仕事であるが，邦書ではあまり見かけない
ので少し丁寧に紹介しておきたいと思ったからである．さらに，調和測度は
現代ではグリーン関数と共に複素解析学における基本関数であるので，そ
の性質，応用やそれらの相互関係，ポテンシャルとの関係等について（簡明
のため平面領域に限って）少し詳しく記した．これらの結果の殆どはリーマ
ン面上にも拡張されるが，リーマン面論ではさらに分類問題，微分理論，理
想境界，コンパクト化理論や，リーマン面のモジュライから発生したタイヒ
ミュラー空間やクライン群等の研究分野がある．またポテンシャルではさら
に一般な空間で一般な核をもつポテンシャルや公理論的研究等がある．

　なおこれらの方面とは違って，本書でふれたロバン定数を拡張し（複素）
多変数函数論，特に擬凸状領域の研究に新しい方法を見出した山口博史氏の
研究（[II, 10]，[II, 11] 等）があることを追記し，本書がまた何かこのような
温故知新のお役に立てば幸いと思う．

参 考 文 献

本文中においては，第 I 部の参考文献 [1] 等は [I,1] 等と記述している．

第 I 部

執筆に際して参考にした文献のみをあげる．ゼータ関数とそれに関連する
文献については [5], [9] 及びその参考文献を参照されたい．

[1] L. Ahlfors: *Complex Analysis*, 3rd ed., McGraw-Hill, 1979.
　　（邦訳）笠原乾吉：『複素解析』，現代数学社，1982.
[2] C. Carathéodory: *Funktionentheorie*, Birkhäuser, Basel, 1950.
　　（英訳）*Theory of Function of a Complex Variable*, AMS, Chelsea, 2001.
[3] S. Segal: *Nine Introductions in Complex Analysis*, North-Holland, 1981.
[4] E. C. Titchmarsh: *The Theory of Functions*, Clarendon Press, 1932.
[5] A. Voros: *Zeta Functions over Zeros of Zeta Functions*, Springer, 2009.
[6] 楠 幸男：『無限級数入門』，朝倉書店，1967，（復刊）2004.
[7] ─────：『現代の古典 複素解析』，現代数学社，1992.
[8] 小松勇作：『特殊函数』，朝倉書店，1967.
[9] 松本耕二：『リーマンのゼータ関数』，朝倉書店，2005.

第 II 部

本章に関連した参考書，さらにその後の研究，特にリーマン面，ポテン
シャル論方面等の文献を若干あげる．

[1] L. Ahlfors: *Complex Analysis*, 3rd ed., McGraw-Hill, 1979.
　　（邦訳）笠原乾吉：『複素解析』，現代数学社，1982.
[2] L. Ahlfors, L. Sario: *Riemann Surfaces*, Princeton Univ. Press, 1960.
[3] C. Constantinescu, A. Cornea: *Ideale Ränder Riemannscher Flächen*,
　　Springer, 1963.

[4] J. Garnett, D. Marshall: *Harmonic Measures*, Cambridge Univ. Press, 2005.

[5] L. Helms: *Introduction to Potential Theory*, Wiley, 1969.

[6] R. Nevanlinna: *Eindeutige analytische Funktionen*, Springer, 1936, (2 Aufl.) 1953.
(Revised English translation) *Analytic Functions*, Springer, 1970.

[7] Ch. Pommerenke: *Univalent functions*, Vanderhoeck & Ruprecht, 1975.

[8] L. Sario, M. Nakai: *Classification Theory of Riemann Surfaces*, Springer 1970.

[9] M. Tsuji: *Potential Theory in Modern Function Theory*, Maruzen 1959.

[10] H. Yamaguchi: Variations of Pseudoconvex Domains over C^n, *Mich. Math. J.*, vol. 36, pp. 415–457, 1989.

[11] K. T. Kim, N. Levenberg, H. Yamaguchi: Robin Functions for Complex Manifolds and Applications, *Mem. Amer. Math. Soc.*, vol. 209, no. 984, 2011.

[12] 今吉洋一・谷口雅彦：『タイヒミュラー空間論』，日本評論社，1989.

[13] 大津賀信：『函数論特論』，共立出版，1957.

[14] 岸 正倫：『ポテンシャル論』，森北出版，1974.

[15] 楠 幸男：『函数論―リーマン面と等角写像―』，朝倉書店，1973，（復刊）2011.

[16] 志賀啓成：『複素解析学 I, II』，培風館，1997, 1999.

[17] 吹田信之：『近代函数論 II』，森北出版，1977.

[18] 辻 正次：『函数論 下巻』，朝倉書店，1952，（復刊）2004.

[19] 二宮信幸：『ポテンシャル論』，共立出版，1967.

第 III 部

四元数関連の文献としては次の著書とその文献を参照されたい.

[1] R. Goldman: *Rethinking Quaterninons—Theory and Computation*, Morgan & Claypool, 2010.

[2] B. Peirce: Linear Associate Algebra, *Amer. J, Math.* vol. 4, pp. 83–229, 1881.

索　引

Memorandum

Memorandum

Memorandum

Memorandum

【著者紹介】

楠 幸男 （くすのき ゆきお）

1925 年 9 月　大阪市に生まれる.
1948 年 3 月　京都帝国大学理学部数学科卒業.
1951 年 3 月　京都大学大学院退学.
1951 年 4 月　京都大学理学部講師.
1965 年 6 月　京都大学理学部教授.
　　　　　　　（1989 年 3 月定年退官, 京都大学名誉教授.）
1989 年 4 月　桃山学院大学教授.
　　　　　　　（1996 年 3 月まで.）
京都大学理学博士（1957 年 9 月）.
2021 年 3 月 22 日逝去.
著　書　　『解析函数論』（廣川書店, 1962）,
　　　　　　『無限級数入門』（朝倉書店, 1967, 復刊：2004）,
　　　　　　『函数論—リーマン面と等角写像—』（朝倉書店, 1973, 復刊：2011）,
　　　　　　『現代の古典 複素解析』（現代数学社, 1992, 新装版：2020）,
　　　　　　『複素解析学特論』（須川敏幸氏と共著, 現代数学社, 2019）ほか

新しい解析学の流れ

複素解析トレッキング

Trekking in Mountains of
Classical Complex Analysis

2023 年 2 月 28 日　初版 1 刷発行

著　者　楠　幸男　© 2023
発行者　南條光章
発行所　**共立出版株式会社**
〒 112-0006
東京都文京区小日向 4-6-19
電話　03-3947-2511 （代表）
振替口座　00110-2-57035
www.kyoritsu-pub.co.jp

印　刷　啓文堂
製　本　ブロケード

検印廃止
NDC 413.52

 一般社団法人
自然科学書協会
会員

ISBN 978-4-320-11238-4　Printed in Japan